职业院校理论实践一体化系列教材（光电子技术专业）

LED 应用技术

陈振源　总主编
吴友明　主　编
陈　忠　主　审

电子工业出版社
Publishing House of Electronics Industry
北京·BEIJING

内 容 简 介

本书是中等职业学校光电技术应用专业系列教材之一，围绕项目实施展开编写，主要内容包括认识 LED、认知 LED 照明、LED 屏幕显示系统的组装与调试、初识 LED 景观工程和理解 LED 标准五个项目。每个项目由若干个任务组成，还包含技能训练、应用提示、动手做等，突出技能的学习和工程应用能力的培养。

本书结合 LED 的发展趋势和工程应用实际，深入浅出，题材新颖，图文并茂，简洁明了，有较强的适用性，可作为中等职业学校光电专业、电子技术及相关专业的教材使用，也可供从事 LED 研发、设计、应用的工程技术人员参阅。

本书还配有电子教学参考资料包，详见前言。

未经许可，不得以任何方式复制或抄袭本书之部分或全部内容。
版权所有，侵权必究。

图书在版编目（CIP）数据

LED 应用技术/吴友明主编．—北京：电子工业出版社，2011.8
职业院校理论实践一体化系列教材．光电子技术专业
ISBN 978-7-121-06360-2

Ⅰ．①L… Ⅱ．①吴… Ⅲ．①发光二极管—中等专业学校—教材 Ⅳ．①TN312

中国版本图书馆 CIP 数据核字（2011）第 117618 号

策划编辑：张　凌
责任编辑：张　凌
印　　刷：北京虎彩文化传播有限公司
装　　订：北京虎彩文化传播有限公司
出版发行：电子工业出版社
　　　　　北京市海淀区万寿路 173 信箱　邮编 100036
开　　本：787×1 092　1/16　印张：11　字数：281.6 千字
版　　次：2011 年 8 月第 1 版
印　　次：2024 年 8 月第 12 次印刷
定　　价：23.50 元

凡所购买电子工业出版社图书有缺损问题，请向购买书店调换。若书店售缺，请与本社发行部联系，联系及邮购电话：(010) 88254888，88258888。
质量投诉请发邮件至 zlts@phei.com.cn，盗版侵权举报请发邮件至 dbqq@phei.com.cn。
本书咨询联系方式：(010) 88254583，zling@phei.com.cn。

前 言 SUMMARY

LED 是一种新型半导体固态光源，它可以直接把电能转换为光能，具有环保、节能、安全、寿命长等一系列优点，是 21 世纪新型绿色照明光源。绿色照明的质量和水平已成为人类社会现代化程度的一个重要标志，以及人类社会可持续发展的一项重要措施。随着新材料、新技术的发展和运用，人们对照明光源的质量和环境的要求更高，LED 突出的性能表现，使其应用广泛，发展前景广阔。

目前，LED 在我国城市夜景照明领域已开始普及，几乎全国所有大城市夜景照明都广泛使用 LED，特别是以 2008 年北京奥运会和 2010 年上海世博会为契机，进一步推动了 LED 在我国的城市景观及照明领域中的广泛使用。

LED 显示屏是一种采用发光二极管为显示器件，以现代数字电子技术为基础发展起来的显示屏幕。它之所以受到广泛重视并得到迅速发展，是因为它本身具有许多优点，例如，亮度高、色彩鲜艳、视角大、工作电压低、功耗小、易于集成、驱动简单、寿命长、耐冲击且性能稳定，因而发展前景极为广阔。

LED 照明作为人类未来新光源及我国实现节能减排战略的主要途径之一，其重要性日渐凸显。随着 LED 技术的迅速发展和在照明领域的广泛应用，对 LED 相关标准的关注度日益提高，LED 国家标准的颁布与实施，为 LED 光源的规范生产和安全认证提供了有力的依据，有利于 LED 产业的健康发展。

本书是中等职业学校光电技术应用专业系列教材之一，结合 LED 技术发展趋势和应用实际，考虑到作为中等职业学校电类专业相关课程的教学需要，本书按照项目教学法编写。

本书包含认识 LED、认知 LED 照明、LED 屏幕显示系统的组装与调试、初识 LED 景观工程和理解 LED 标准等五个项目。本书编写具有以下特点：

1. 融入新的职业教育理念，采用新的课程结构形式，突出技能的学习和工程应用能力的培养；

2. 遵循学生认知规律，突出 LED 技术的应用性，根据中等职业学校的教学实际，本书设置了技能训练、应用提示、动手做等栏目，使学生不仅能够掌握基本知识和基本技能，而且还拓宽了知识面，为学生的就业和再学习打下良好基础；

3. 考虑企业的实际岗位需要，充分体现项目模块下的任务驱动、实践导向的课程思想，培养学生综合职业能力；

4. 在编写过程中着重注意引导学生对新知识、新标准的理解和应用，以帮助学生应用所学知识去解决实际的问题；

5. 本书题材新颖，内容丰富，图文并茂，通俗易懂，并力求在实际应用方面凸显其特色，有较强的适用性、可参阅性。

本课程的参考教学时数为 60～72 学时，教学的实施可根据不同的地区、不同的条件、不同的生源情况作适当调整。本书的教学分配见下表。

项　目	教学内容	课时分配
一	认识 LED	12～14
二	认知 LED 照明	12～14
三	LED 屏幕显示系统的组装与调试	14～18
四	初识 LED 景观工程	12～16
五	理解 LED 标准	10
课　时　总　计		60～72

本书由陈振源担任总主编，并负责本套教材的整体规划和教材样例的设计。吴友明为本书主编，陈绥、孙跃岗参加了本书的编写工作。杜伊凡参加了配套的电子课件资料的整理。厦门大学陈忠教授担任本书主审。本书在编写过程中参阅了诸多相关材料，在此向这些编著者致以诚挚的谢意。本书的编写还得到杭州远方光电信息有限公司的指导和帮助，在此一并致谢！

由于时间仓促，编者水平有限，书中难免存在错误和不妥之处，恳请广大读者批评指正。

为方便教师教学和学生学习，本书还配有教学指南、电子教学课件、习题参考答案（电子版），请有此需要的教师登录华信教育资源网（http://www.hxedu.com.cn）免费注册后再进行下载，如有问题，请在网站留言板留言或与电子工业出版社联系（E-mail:hxedu@phei.com.cn）。

编　者

目录 CONTENTS

项目一 认识 LED ... 1

任务一 LED 认识入门 ... 1
一、LED 的基本特征与分类 ... 2
二、常见 LED 器件 ... 6
复习思考题 ... 11
技能训练一 LED 器件识别 ... 11

任务二 LED 特性分析 ... 13
一、LED 的结构及发光原理 ... 13
二、LED 的参数 ... 14
三、LED 的特性与发光效率分析 ... 15
复习思考题 ... 17
技能训练二 LED 伏安特性的测试 ... 17
技能训练三 LED 的电光转换特性测试 ... 19

任务三 认识高亮度 LED ... 21
一、高亮度 LED ... 21
二、白光 LED 的实现方法 ... 28
复习思考题 ... 29
技能训练四 高亮度 LED 与普通 LED 性能的比较 ... 29
项目小结 ... 31

项目二 认知 LED 照明 ... 32

任务一 恒压式驱动电路分析 ... 32
一、LED 驱动器 ... 32

二、恒压源供电电阻限流电路分析 39
　　三、LED 的连接形式 43
　　四、设计驱动电路 PCB 45
　复习思考题 46
　任务二　LED 台灯的制作 47
　　一、LED 台灯概述 47
　　二、焊接知识与焊接技巧 48
　技能训练一　制作一个 LED 台灯 52
　技能训练二　LED 台灯和传统灯具的性能比较 55
　复习思考题 58
　项目小结 58

项目三　LED 屏幕显示系统的组装与调试 60

　任务一　恒流式驱动电路的制作 60
　　一、恒流式驱动电路 60
　　二、恒流式驱动电路的形式与结构 62
　　三、集成恒流源电路的应用 65
　　四、LM317 恒流源电路的分析和指导 68
　复习思考题 69
　技能训练一　恒流源驱动电路的制作和安装 69
　任务二　点阵显示系统分析 71
　　一、点阵显示系统 71
　　二、LED 显示屏 76
　复习思考题 80
　技能训练二　LED 点阵显示字符 81
　任务三　点阵显示系统的组装与软件操作 84
　　一、点阵显示系统的组装 84
　　二、点阵显示系统的播放软件 87
　复习思考题 93
　技能训练三　LED 条形屏的组装 93
　项目小结 95

项目四　初识 LED 景观工程 96

　任务一　开关型驱动电路分析 96
　　一、LED 夜景工程 96
　　二、开关电源驱动电路 101
　　三、PWM 调光 111
　　四、典型 PWM 集成驱动器 114

复习思考题 ... 116
　　任务二　变色彩灯的制作 ... 116
　　　　一、LED 变色灯 ... 117
　　　　二、制作单灯头 LED 变色灯 ... 118
　　复习思考题 ... 121
　　技能训练　变色 LED 灯的组装 ... 121
　　项目小结 ... 127

项目五　理解 LED 标准 ... 128

　　任务一　LED 有关标准识别 ... 128
　　　　一、LED 标准体系 ... 128
　　　　二、LED 标准规范 ... 131
　　复习思考题 ... 135
　　任务二　理解 LED 国家标准 ... 136
　　　　一、理解 GB 24819—2009《普通照明用 LED 模块安全要求》 ... 136
　　　　二、理解 GB 19510.14—2009《灯的控制装置　第 14 部分：LED 模块
　　　　　　用直流或交流电子控制装置的特殊要求》 ... 145
　　　　三、理解 GB 19651.3—2008《杂类灯座　第 2—2 部分：LED 模块用
　　　　　　连接器的特殊要求》 ... 154
　　复习思考题 ... 160
　　任务三　LED 产品施工要求初析 ... 160
　　　　一、LED 产品施工注意事项 ... 160
　　　　二、LED 工程中的简易计算 ... 162
　　复习思考题 ... 164
　　项目小结 ... 165

参考文献 ... 166

项目一　认识 LED

> **项目描述**
>
> 以了解 LED 的基本特征与分类作为入门，认识常见 LED 器件。由 LED 的内在特性分析进而了解普通 LED、高亮度 LED 以及白光 LED 的性能及其应用前景。

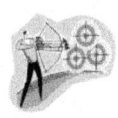

LED 是发光二极管的英文缩写，是一种固态的半导体器件，它可以直接把电转换为光，是继白炽灯、荧光灯、高强度气体放电灯（HID）后人类照明的第四次革命。LED 是一种新型半导体固态光源，具有大家熟知的节能和环保等显著优点，还在色彩、亮度、抗震、寿命、低衰减、通信等方面有突出的性能表现，应用广泛，发展前景广阔。如图 1-1 所示是国家游泳中心又称水立方，如图 1-2 所示是国家体育场俗称鸟巢，无数颗 LED 显示出不同的色彩图案效果和绚丽夺目的灯光效果。

图 1-1　水立方 　　　　　　　　　图 1-2　鸟巢

任务一　LED 认识入门

LED 是利用固体半导体芯片作为发光材料，在半导体中通过载流子发生复合放出过剩的能量而引起光子发射，直接发出红、橙、黄、绿、青、蓝、紫色的光。1964 年首先出现红色 LED，之后相继出现黄色、蓝色、绿色 LED，白光 LED，高亮度 LED。彩色显示所需的三基色红、绿、蓝以及橙、黄各种颜色的 LED 都达到了坎德拉（cd）级的发光强度，色度方面已实现了可见光波段（380～780nm）的所有颜色。

LED 最初用做仪器仪表的指示光源，后来各种光色的 LED 在交通信号灯、显示屏、景观照明、车用照明和手机键盘及背光源等领域中得到了广泛应用。了解 LED 的基本特征与分类，认识常见 LED 器件，打开 LED 认识之门。

一、LED 的基本特征与分类

1. LED 的基本特征

（1）发光效率高

1879 年，美国发明家托马斯·爱迪生发明了具有实用价值的白炽灯（电灯），使人类从漫长的火光照明时代进入电光照明时代。由于白炽灯是由灯丝发热产生可见光照明，发光效率偏低，电能转换成光能的效率达不到5%。到了 20 世纪 40 年代初，荧光灯（日光灯）问世，其能量转换效率比白炽灯提高了很多，达到25%。20 世纪 70 年代，荷兰飞利浦公司发明了紧凑型荧光灯（即节能灯），它可以使电能集中转化为我们眼睛可以看见的光，减少其他辐射的产生，比传统灯泡省电。20 世纪 90 年代初，"绿色照明"的提出使 LED 成为人们的新宠。LED 发明于 20 世纪 60 年代，最初的 GaAsP（磷砷化镓）发光二极管发光效率和亮度较低，只能用做仪表指示灯。随着技术的快速进步和新材料的不断出现，LED 的发光效率和能量转换效率快速提高，达到并超过了荧光灯。21 世纪将进入以 LED 为代表的新型照明光源时代（称为第四代新光源时代）。

和白炽灯、荧光灯相比，LED 属于一次光源，在发光过程中，电能直接变成了光能，发光效率高。LED 与几种常见照明方式效能比较见表 1-1 所示。

表 1-1 LED 与几种常见照明方式效能比较

名 称	光通量流明（lm）	光效流明每瓦（lm/W）	启动特性	频闪	电磁干扰	使用寿命小时（h）	易损性
白炽灯	480	12~24	快	严重	无	1000	玻璃材质易损
荧光灯 ϕ=26mm（T8）	2000	30~70	慢	重	大	5000	玻璃材质易损
节能灯（紧凑型）	500~540	60	慢	轻	大	6000	玻璃材质易损
LED	50~200	50~200	极快	无	小	10000	全固体不易损坏

从表 1-1 中可以看出，在发光效率上，LED 不仅远超白炽灯，而且也超过荧光灯和节能灯。这意味着不管是白炽灯，还是荧光灯或是节能灯，大部分的耗电变成热量损耗掉。随着研究的深入，作为一种新型的照明光源，LED 的光效会远远超过所有照明光源的光效。

（2）使用寿命长，响应快

LED 是半导体元件，与白炽灯不同，它没有玻璃、钨丝等易损可动部分，故障率极低，维护费用可以大大降低。一般来讲，普通白炽灯的寿命约为 1000h，荧光灯、高强度气体放电灯的寿命也不超过 10kh，而 LED 的寿命可达 100kh，可见其寿命长得多。

LED 的发光响应快，它的响应时间为纳秒（ns）级，而荧光灯一般为毫秒（ms）级。

（3）耗电量少

不同于白炽灯由电能转化为热能再转化为光能，LED 是电子直接发光，其电能利用率高达 80%以上。LED 单管功率为 0.03~0.06W，采用直流驱动，单管驱动电压 1.5~3.5V，电流为 15~18mA。在同样照明效果的情况下，用 LED 耗电仅为普通白炽灯的十分之一，荧光灯的二分之一。LED 在同等亮度下与白炽灯和荧光灯相比可节省 70%~90%的电能。例如，6W 的 LED 灯管和 20W 的普通荧光灯管流明数相当，照明效果相同，LED 比荧光灯管节能 70%以上。

（4）体积小，结构牢固

LED 基本上是一块很小的晶片被封装在环氧树脂里面，所以它体积非常小，重量非常轻。LED 结构不像白炽灯有玻璃泡、灯丝等易损坏部件，也不像荧光灯有体积大的灯管和附件，它是一种全固体结构，能经得起振动、冲击而不致损坏。

（5）安全可靠性高，控制方式灵活

LED 属于冷光源，发热量低，无热辐射，可以安全触摸，能精确控制光型及发光角度，光色柔和无眩光，不含汞、钠等可能危害环境的物质，可以实现各种颜色的变化。通过微处理器（CPU）系统可以控制发光强度，调整发光方式，实现光与艺术的完美结合。

（6）高亮度，低热量

比高强度气体放电灯（HID）或白炽灯更少的热辐射。

（7）环保

LED 是由无毒的材料做成，不像荧光灯含水银会造成污染，同时 LED 也可以回收再利用。

2. LED 的分类

（1）按波长和亮度分类

LED 按照发光波长可以分为可见光和不可见光两类，可见光中又分为一般亮度 LED 和高亮度 LED。其中，红、橙、黄光芯片使用 4 种元素铝（Al）、镓（Ga）、铟（In）、磷（P）作为材料，称为四元素 LED；蓝、绿光芯片则用 3 种元素铟（In）、镓（Ga）、氮（N），故称为三元素 LED；使用 2 种元素的称为二元素 LED。LED 按波长和亮度分类见表 1-2 所示。

表 1-2 LED 按波长和亮度分类

类型	波长	亮度	材料	应用
可见光 LED	450~780nm	一般亮度 LED	GaP、GaAsP、AlGaAs	3C[1]家电、消费电子
		高亮度 LED	AlGaInP（红、橙、黄）	户外全彩看板、交通信号灯、背光源、车用照明
			InGaN（蓝、绿）	
		白光 LED		背光源、照明
不可见光 LED	850~1550nm	短波长红外光（850~950nm）	GaA、AlGaAs	IRDA[2]模组、遥控器
		长波长红外光（1300~1550nm）	AlGaAs	光通信光源

注：① 3C（即 3C 认证）是中国国家强制性产品认证的简称。

② IRDA 是红外线数据标准协会的英文缩写，IRDA 红外模组其实就是红外数据通信设备的标准接口，是一种红外线无线传输协议以及基于该协议的无线传输接口。

（2）按产业分类

LED 产业主要可以分成上游外延片生长、中游芯片制造和下游芯片封装三类。

① 上游外延片生长

上游外延片生长是 LED 的关键技术，附加值也最大。单晶片是衬底，目前使用较多的是蓝宝石（Sapphire）。利用不同材料可以在衬底基板上生长不同材料层的外延晶片，现有的规格大小是一个直径 6~8cm 的圆形，厚度相当薄，就像是一个平面金属一样。

LED 的外延片生长常见的技术有：液相外延（LPE）、气相外延（VPE）及有机金属气相外延（MOCVD）等，其中 VPE 和 LPE 技术用来生产一般亮度 LED，而 MOCVD 技术用于生产高亮度 LED。LED 主要外延片生长技术见表 1-3 所示。

表 1-3　LED 主要外延片生长技术

技术	特色	优点	缺点	主要应用
液相外延（LPE）	以熔融态的液体材料直接和基板接触而沉积晶膜	操作简单，晶膜生长速度快	晶膜薄度控制差，平整度差	一般亮度 LED
气相外延（VPE）	以气体或电浆材料传输至基板，促使晶格表面粒子凝结	晶膜生长速度快	晶膜薄度及平整度不易控制	一般亮度 LED
有机金属气相外延（MOCVD）	将有机金属以气体形式扩散至基板，促使晶格表面粒子凝结	晶膜薄度及平整度易控制，纯度高	成本较高，成品率较低	高亮度 LED

② 中游芯片制造

中游芯片制造时根据 LED 的性能需求进行器件结构和工艺设计，通过外延片扩散、金属镀膜，再进行光刻、热处理，形成 LED 两端的金属电极，接着将基板磨薄抛光后进行切割。依照芯片的大小，可以切割为 20k~40k 个芯片。这些芯片长得像沙滩上的沙子一样，通常用特殊胶带固定之后，再送到下游作封装处理。

③ 下游芯片封装

下游把从中游来的芯片粘贴并焊接导线架，经由测试、封胶，然后封装成各种不同的产品。

我国 LED 产业基本都分布在长三角、珠三角、福建及江西、环渤海湾等地区。其中，上海、南昌、厦门和大连是国家首批指定的 LED 生产制造基地。

（3）按芯片材料分类

LED 芯片（外延片）材料分为基板材料和发光材料两类。不同的基板材料和不同的发光材料，对应不同的波长，也对应不同的颜色。LED 芯片材料分类见表 1-4 所示。

表 1-4　LED 芯片材料分类

基板材料	发光材料	外延片技术	发光颜色	波长（nm）	光强（mcd）
GaP 磷化镓	GaP, Zn, O	LPE	红光	700	40
	GaP, N	LPE	黄绿光	565	200
GaP 磷化镓	GaAsP	VPE+扩散	红光	650	100
	GaAsP	VPE+扩散	橙光	650	300
	GaAsP	VPE+扩散	黄光	585	200

续表

基板材料	发光材料	外延片技术	发光颜色	波长（nm）	光强（mcd）
GaAs 砷化镓	AlGaAs	LPE	红光	655	500
GaAs 砷化镓	InGaAlP	MOCVD	红光	635	6000
	InGaAlP	MOCVD	红橙光	620	7000
	InGaAlP	MOCVD	黄光	590	8000
Sapphire 蓝宝石	GaN	MOCVD	黄绿光	520	6000
	GaN	MOCVD	蓝光	465	2500
	GaN$^+$ 荧光粉	MOCVD	白光		30 lm/W

（4）按封装结构和管芯数目分类

LED 封装结构通常分为点光源、面光源和发光显示器三类。单个芯管一般构成点光源，多个芯管组装一般可构成面光源和线光源，做信息、状态指示及显示用，多个管芯串联和并联组合构成发光显示器。LED 结构特征见表 1-5 所示。

表 1-5 LED 结构特征

类 型	结 构	特 征
点光源	环氧包封，金属陶瓷底座环氧封装，表面贴装	子弹形，圆形，矩形，多边形，椭圆形等
面光源	单列直插，双列直插，表面贴装	发光面积大，可见距离远，视角宽，圆形，梯形，三角形，长方形，正方形等
发光显示器	表面贴装，混合封装	数码管，符号管，米字管，矩形管，光柱显示器

（5）按发光颜色分类

LED 发光颜色可分成红色、橙色、绿色（又细分黄绿、标准绿和纯绿）、蓝光和白光等。特殊用途的 LED，有的包含两种或三种颜色的芯片，可按照时序分别发出两种或三种颜色的光。

根据发光二极管出光处掺或不掺散射剂、有色或是无色，各种颜色的发光二极管还可分成有色透明、无色透明、有色散射和无色散射四种类型。

（6）按出光面特征分类

按发光管出光面特征分为圆灯、方灯、矩形、面发光管、侧向管、表面安装用微型管等。圆形灯按直径分为 ϕ2mm、ϕ4.4mm、ϕ5mm、ϕ8mm、ϕ10mm 及 ϕ20mm 等。国外通常把 ϕ3mm 的发光二极管记作 T-1；把 ϕ5mm 的记作 T-1（3/4）；把 ϕ4.4mm 的记作 T-1（1/4）。

（7）按结构分类

LED 按结构分，有全环氧包封、金属底座环氧封装、陶瓷底座环氧封装及玻璃封装等结构。

（8）按发光强度和工作电流分类

按发光强度和工作电流分，有一般亮度的 LED（发光强度<10mcd）；把发光强度在 10～100mcd 间的叫高亮度 LED。一般 LED 的工作电流在十几 mA 至几十 mA，而低电流 LED 的工作电流在 2mA 以下（亮度与普通发光管相同）。

（9）按显示屏分类

LED 显示屏可按使用环境、显示颜色、显示功能、封装方式不同等分类，几种常用分类方式见表 1-6 所示。

表 1-6　LED 显示屏的分类

分类方式	LED 显示屏	简　述
使用环境	室内屏	室内 LED 显示屏在室内环境下使用，此类显示屏亮度适中、视角大、混色距离近、重量轻、密度高，适合较近距离观看
	室外屏	室外 LED 显示屏在室外环境下使用，此类显示屏亮度高、混色距离远、防护等级高、防水和抗紫外线能力强，适合远距离观看
显示颜色	单基色	单基色 LED 显示屏由一种颜色的 LED 灯组成，仅可显示单一颜色，如红色、绿色、橙色等
	双基色	双基色 LED 显示屏由红色和绿色 LED 灯组成，256 级灰度的双基色显示屏可显示 65536 种颜色（双色屏可显示红、绿、黄 3 种颜色）
	全彩色	全彩色（也称三基色）LED 显示屏由红色、绿色和蓝色 LED 灯组成，可以很好地还原自然界的色彩，组成出 16777216 种颜色
显示功能	条形屏	条形 LED 显示屏主要用于显示文字，可用遥控器输入，也可与计算机联机使用，通过计算机发送信息，也可脱机工作。屏幕多做成条形
	图文屏	图文 LED 显示屏可显示文字文本、图形图片等信息内容。一台计算机可控制多块屏，可联网脱机显示
	混合屏	LED 混合屏包含数码屏和条形屏，主要用于显示文字和数字。在证券、利率、期货显示以及各种价目表显示等得到广泛应用
	视频屏	视频 LED 显示屏可实时、同步地显示各种信息，如二维或三维动画、录像、电视、影碟以及现场实况等多种视频信息内容
封装方式	点阵模块	模块 LED 显示屏是由将 LED 晶片封装在点阵塑胶套件内的 LED 模块组成，多为室内显示屏
	表面贴装	表贴 LED 显示屏是将由 LED 晶片封装在透明塑料体内，去除了较重的碳钢材料引脚，采 SMD（表面贴装工艺），通过缩小尺寸、扩大视角、降低重量，使应用更趋完美，尤其适合户内，半户外显示屏使用
	直插单体	直插单体 LED 显示屏是将 LED 晶片封装在一个杯形环氧树脂框罩内，两条引脚分别为正负极的两个引线的 LED 灯组成。应用范围很广

二、常见 LED 器件

1. 常见 LED 器件形式

（1）单体 LED

单体 LED 多用于户外显示屏，一般由单个 LED 晶片、具有聚光作用的反光杯、金属阳极和阴极构成。在制作工艺上，首先是把晶粒封装成单个的发光二极管，称为单灯。用具有透光、聚光能力的环氧树脂做外壳，如图 1-3 所示。LED 显示屏中的每一个可被单独控制的发光单元称为像素，单体 LED 可用一个或多个不同颜色的单灯构成一个基本像素，可获得较高的亮度。

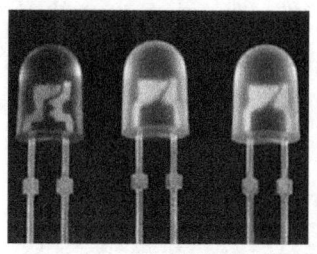

(a) 椭圆 LED 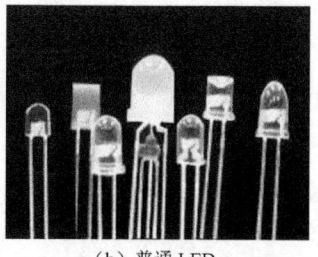　　　　　　(b) 普通 LED 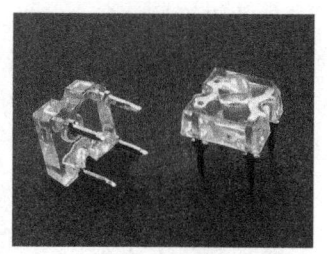　　　　　　(c) 食人鱼 LED

图 1-3　单体 LED

(2) 贴片式（SMD）LED

贴片式 LED 适用于户内、半户外全彩色显示屏。红绿双基色再加上蓝基色，三种基色就构成全彩色。像素发光明暗变化的程度称为灰度。通过不同灰度的变化，实现最优化的配色方式，再现全彩显示技术的颜色。LED 采用贴焊形式封装，可实现单点维护。贴片式 LED 如图 1-4 所示。

(a) 全彩 LED 　　　　　　(b) 白光 LED

图 1-4　贴片式 LED

(3) LED 点阵模块

LED 点阵模块多用于户内显示屏，通常有若干个 LED 晶片构成发光矩阵，然后用环氧树脂封装于塑料壳内。适合于行、列扫描驱动，可构成高密度的显示屏。单位面积内像素的数量称为像素密度，点间距是从两两像素间的距离来反映像素密度的。点间距越小，像素密度越高，信息容量越多，适合观看的距离越近；反之，适合观看的距离越远。LED 点阵模块如图 1-5 所示。

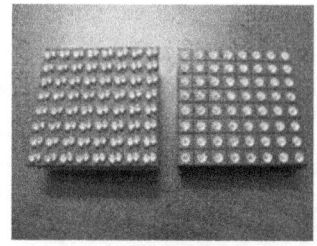

(a) 半户外点阵模块 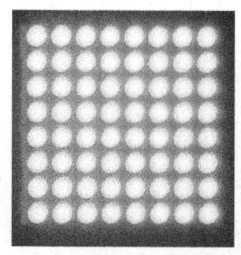　　　　(b) LED 室内点阵模块 　　　　(c) 单色 LED 点阵模块

图 1-5　LED 点阵模块

（4）LED 数码管

LED 数码管是由多个发光二极管封在一起组成"8"字形的器件，根据 LED 的接法不同分为共阴极（负极）和共阳极（正极）两类。LED 数码管常用段数一般为 7 段，有的另加一个小数点，能显示从 0~9 的 10 个数字，广泛用于仪表，时钟，车站，家电等场合。LED 数码管如图 1-6 所示。

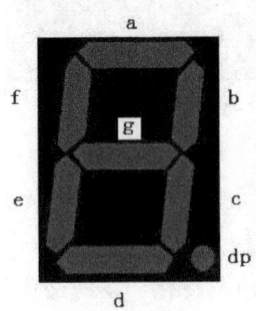

(a) 8 字形数码管　　(b) 三位数码管　　(c) 管数字点阵模块

图 1-6　LED 数码管

（5）LED 像素管

LED 像素管以其稳定的性能和独特的结构，作为一个小小的发光整体，可以任意组合成多种电子产品，如 LED 显示屏、LED 交通灯倒计时、LED 限速标志、LED 雨棚灯、LED 装饰灯、LED 灯具等等。

为提高亮度，增加视距，将两只以上至数十只 LED 集成封装成一只集束管，作为一个像素。这种 LED 集束管主要用于制作户外屏，又称为像素管。LED 像素管如图 1-7 所示。

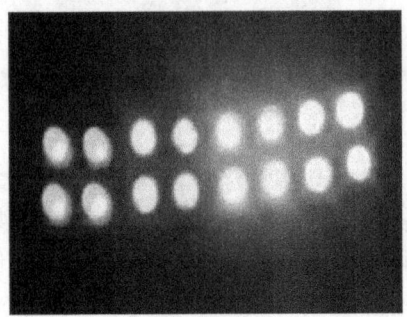

(a) 圆形像素灯　　(b) 方形像素灯

图 1-7　LED 像素管

应用提示

用于发光指示的 LED 在汽车照明应用中被大量采用。它们可以被集成在门把手附近，用于钥匙孔照明，或者用在后视镜上的转向闪灯，以及踏板照明和杯架照明等。发光指示的形状可以非常简单（直接透光），也能做得非常复杂，来满足精确照明的需要。

2. 常见的LED产品

LED作为一种新的产品，一种新的照明方式和一个新兴的行业，拥有广阔的发展前景和巨大的商机。LED产品类别众多，有LED封装器件，LED显示屏，LED背光源，LED室内照明、景观照明、特种照明产品，有LED交通信号标志产品，LED汽车灯饰产品及LED广告、标志、指示产品等。常见的LED产品如图1-8所示。

（a）大功率贴片式灯珠 　　　（b）LED球灯泡 　　　（c）LED像素灯

（1）LED封装器件示例

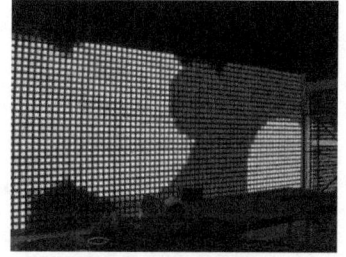

（a）LED幕墙屏 　　　（b）LED条屏

（c）LED显示屏（室内全彩） 　　　（d）户外LED显示屏

（2）LED显示屏示例

（a）LED台灯 　　　（b）LED路灯 　　　（c）LED草地灯

图1-8　常见的LED产品

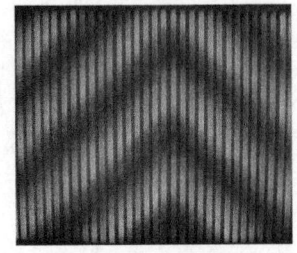

(d) LED 护栏管 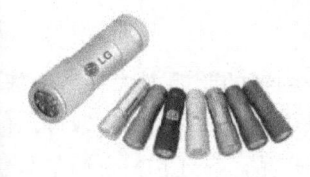　　(e) LED 手电筒 　　(f) LED 软条彩灯

(g) LED 射灯 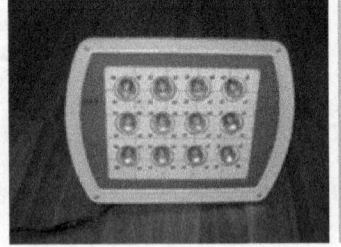　　(h) LED 闪光灯 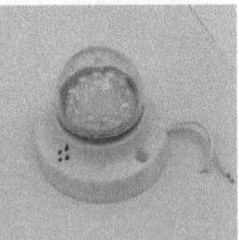　　(i) 声光控 LED 灯

(3) LED 照明产品示例

(4) LED 交通信号标志示例 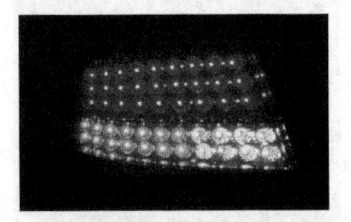　　(5) LED 车尾灯

(a) LED 穿孔字 　　(b) LED 霓虹灯 　　(c) LED 发光字

(6) LED 广告标志示例

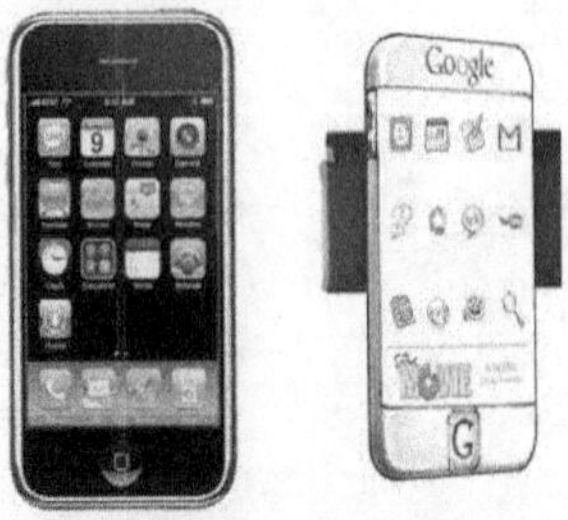

(7) LED 手机背光源示例 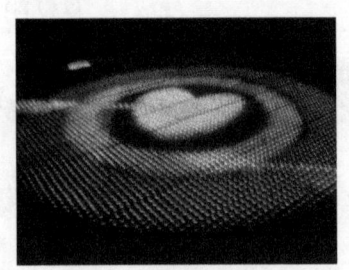　　(8) LED 像素屏

图 1-8　常见的 LED 产品（续）

（9）LED 笔记本电脑 　　　　　　（10）LED 电视

图 1-8　常见 LED 产品（续）

复习思考题

1. LED 的基本特征有哪些？
2. LED 按发光颜色分类有哪几种？
3. 试列出几种常见的 LED 照明产品。
4. 试比较 LED、白炽灯、荧光灯的能量转换效率，说明 LED 的节能效果。

技能训练一　LED 器件识别

1. 实训目的

（1）认识 LED 的外形（出光面）特征；
（2）识别普通 LED、贴片 LED 的极性；
（3）初步学会识别 LED 器件。

2. 实训器材

按表 1-7 所示 LED 器件准备实训器材。

表 1-7　LED 器件

序号	类　型	型号与规格	数　量
1	草帽形 LED	F5 发光二极管	红、绿、蓝各 1 个或若干个
2	方形 LED	(2×3×4) mm	红、绿、蓝、黄、白各 1 个或若干个
3	圆头 LED	5mm	红、绿、蓝、白各 1 个或若干个
4	椭圆 LED	5mm	红、粉红、橙、黄各 1 个或若干个
5	子弹头 LED	5mm	白或其他颜色 1 个或若干个
6	3528 贴片 LED	20mA	白或其他颜色 1 个或若干个

3. 实训内容与步骤

（1）插件式 LED 外形识别

逐一观察比较，区分不同外观的 LED 发光二极管，列表写出外观名称；将颜色相同的

LED进行归类比较，记入列表中。

（2）目测法辨别插件式LED、贴片式LED器件正负极

a. 用眼睛来观察发光二极管，可以发现内部的两个电极一大一小。一般来说，电极较小、个头较矮的一个是发光二极管的正极，电极较大的一个是它的负极。

b. 根据外形标记区分LED正负极　LED的引脚引线以较长者为正极，较短者为负极。如管帽上有凸起标志，那么靠近凸起标志的引脚就为正极。贴片式LED，俯视，一边带彩色线的是负极，另一边是正极。有绿色点的贴片式LED，绿色点为负极，相对的为正极。

4. 问题讨论

（1）如何从LED的外观辨别其正、负极性？

（2）查阅网络相关资料，了解普通LED、贴片LED的电流、电压、亮度、颜色及用途等。

动手做

万用表测试LED

【器材】Φ5mm LED 红色、白色各一个，相同型号（FM-30或其他）万用表两台。

【要求】

（1）用万用表欧姆挡R×10k挡或R×100挡大致判断LED的好坏。首先，将万用表置于R×10k挡或R×100挡，测量LED的正、反向电阻。正常时，LED正向电阻阻值小于50kΩ，反向电阻阻值大于200kΩ或为无穷大。如果正向电阻值为0或为∞，反向电阻值很小或为0，表明LED已损坏。

（2）变换被测LED，按上述要求操作测量，判断LED的好坏。

（3）用两块同型号的万用表检查LED的发光情况，如图1-9所示。

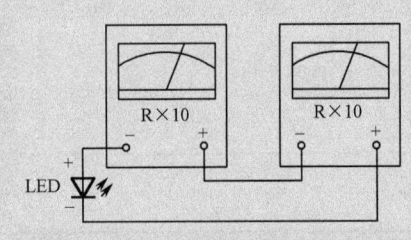

图1-9　两表法测量LED的接线图

a. 用一根导线将其中一块万用表的"+"接线柱与另一块表的"-"接线柱连接。余下的"-"笔接被测LED的正极，另一根余下的"+"笔接被测LED的负极。两块万用表均置于R×10挡，观察发光情况。正常情况下，接通后LED就能正常发光。若亮度很低，甚至不发光，可将两块万用表均拨至R×1挡，若仍然很暗，甚至不发光，则说明该LED性能不良或损坏。

b. 变换被测LED，重复上述步骤。

任务二　LED 特性分析

LED 既是一种光源，又是一种功率型半导体器件，它具备 PN 结型器件的电学特性和光学特性。LED 的 U-I 特性具有非线性、单向导电性。认识了 LED 之后，还需要深入地了解 LED 的结构、发光原理、参数及特性等。

一、LED 的结构及发光原理

1. LED 的结构

LED 的基本结构是一块电致发光的半导体材料，置于一个有引线的架子上，然后四周用环氧树脂密封，起到保护内部芯线的作用，所以 LED 的抗震性能好。LED 的结构如图 1-10 所示。

LED 主要由支架、银胶、晶片、金线和环氧树脂五种物料所组成。

支架起导电和支撑作用。

银胶用来固定晶片和起导电的作用。

晶片是 LED 的主要组成物料，是发光的半导体材料。

金线的作用是连接晶片 PAD（焊垫）与支架，并使其能够导通。

环氧树脂用于保护 LED 的内部结构，可稍微改变 LED 的发光颜色、亮度及角度；使 LED 成形。

LED 的两根引线中较长的一根为正极，接电源的正极；反之，较短的一根为负极，接电源的负极。

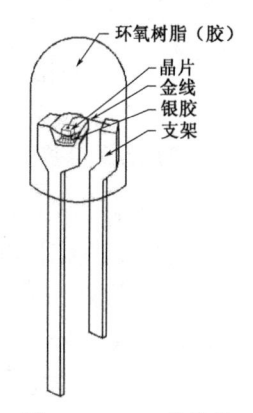

图 1-10　LED 的结构

2. LED 的发光原理

发光二极管的核心部分是由 P 型半导体和 N 型半导体组成的晶片，在 P 型半导体和 N 型半导体之间有一个过渡层，称为 P-N 结。在某些半导体材料的 PN 结中，注入的少数载流子与多数载流子复合时会把多余的能量以光的形式释放出来，从而把电能直接转换为光能。PN 结加反向电压，少数载流子难以注入，故不发光。这种利用注入式电致发光原理制作的二极管叫发光二极管，也称 LED。当它处于正向工作状态时（即两端加上正向电压），电流从 LED 阳极流向阴极时，半导体晶体就发出从紫外到红外不同颜色的光线，光的强弱与电流有关。

LED 的核心发光部分是由 P 型和 N 型半导体构成的 PN 结管芯，当注入 PN 结的少数载流子与多数载流子复合时，就会发出可见光，紫外光或近红外光。但 PN 结区发出的光子是非定向的，即向各个方向发射有相同的概率，因此，并不是管芯产生的所有光都可以释放出来，这主要取决于半导体材料质量、管芯结构及几何形状、封装内部结构与包封材料，应用要求提高 LED 的内、外部量子效率。

常规 ϕ5mm 型 LED 封装是将边长 0.25mm 的正方形管芯粘结或烧结在引线架上，管芯的正极通过球形接触点与金丝，键合为内引线与一条引脚相连，负极通过反射杯和引线架的另一引脚相连,然后其顶部用环氧树脂包封。反射杯的作用是收集管芯侧面、界面发出的光,向期望的方向角内发射。顶部包封的环氧树脂做成一定形状,有这样几种作用:保护管芯等不受外界侵蚀;采用不同的形状和材料性质(掺或不掺散色剂),起透镜或漫射透镜功能,控制光的发散角;管芯折射率与空气折射率相关太大,致使管芯内部的全反射临界角很小,其有源层产生的光只有小部分被取出,大部分易在管芯内部经多次反射而被吸收,易发生全反射导致过多光损失,选用相应折射率的环氧树脂作过渡,提高管芯的光出射效率。用做构成管壳的环氧树脂须具有耐湿性、绝缘性、机械强度,对管芯发出光的折射率和透射率高。选择不同折射率的封装材料,封装几何形状对光子逸出效率的影响是不同的,发光强度的角分布也与管芯结构、光输出方式、封装透镜所用材质和形状有关。若采用尖形树脂透镜,可使光集中到 LED 的轴线方向,相应的视角较小;如果顶部的树脂透镜为圆形或平面型,其相应视角将增大。

二、LED 的参数

1. LED 电参数

(1) 正向工作电流 I_F　是指发光二极管正常发光时的正向电流值。

(2) 正向工作电压 U_F　是指通过发光二极管的正向电流为正向工作电流时,在两极间产生的电压降。电压与颜色有关,红、黄、黄绿的电压是 1~2.4V;白、蓝、翠绿的电压是 2.0~3.6V。

(3) 反向电压 U_R　被测发光二极管器件通过的反向电流为确定值时,在两极间所产生的电压降。

(4) 反向电流 I_R　加在发光二极管两端的反向电压为确定值时,流过发光二极管的电流。

2. LED 极限参数

(1) 允许功耗 P_m　允许加于 LED 两端正向直流电压与流过它的电流之积的最大值。超过此值,LED 发热、损坏。

(2) 正向极限电流 I_{Fm}　允许加在发光二极管的最大的正向直流电流。发光二极管的工作电流一般为 I_{Fm} 2/3,因为 LED 的发光强度仅在一定范围内与 I_F 成正比,当电流增加到一定值后,亮度的增加已经无法用肉眼分出来。另外,电流过大会增加器件的光衰速度,严重时还会损坏发光二极管。

(3) 反向极限电压 U_{Rm}　所允许加的最大反向电压。超过此值,发光二极管可能被击穿损坏。

(4) 工作环境温度 t_{opm}　发光二极管可正常工作的环境温度范围。低于或高于此温度范围,发光二极管将不能正常工作,效率大大降低。

3. LED 光学特性参数

(1) 发光强度　光源在给定方向的单位立体角中发射的光通量定义为光源在该方向的发光强度,简称光强,单位是坎德拉(cd)。这个量是表征发光器件发光强弱的重要性能,是表明发光体在空间发射的会聚能力。可以说，发光强度就是描述光源到底有多"亮"，它是光功率与会聚能力的一个共同描述。发光强度越大，光源看起来就越亮，同时在相同条件下被该光源照射后的物体也就越亮。

（2）光通量　光源在单位时间内发射出来的并被人眼感知的所有辐射能称为发光通量，简称光通量，单位是流明（lm）。这个量是对光源而言的，是描述光源发光总量的大小，与光功率等价。与力学单位比较，光通量相当于压力，而发光强度相当于压强。要想被照射点看起来更亮，我们不仅要提高光通量，而且要增大会聚手段，实际上就是减少面积，这样才能得到更大的强度。例如，一个100W的灯泡可产生1750lm的光通量，而一支40W冷白日光灯管则可产生3150lm的光通量。

（3）发光效率　代表光源将所消耗的电能转换成光的效率。单位是流明每瓦（lm/W）。发光效率（lm/W）＝所产生的光通量（lm）/消耗电功率（W）。发光效率表征了光源的节能特性，这是衡量现代光源性能的一个重要指标。

（4）LED发光角度　LED发光角度是指其光线散射角度，主要靠生产时加散射剂来控制，有以下三类：

高指向性　一般为尖头环氧树脂封装，或是带金属反射腔封装，且不加散射剂。发光角度5°～20°或更小，具有很高的指向性，可作局部照明光源用，或与光检出器联用以组成自动检测系统。

标准型　通常作指示灯用，其发光角度为20°～45°。

散射型　这是视角较大的指示灯，发光角度为45°～90°或更大，散射剂的量较大。

三、LED的特性与发光效率分析

1. LED的伏安特性

LED的伏安特性是指发光二极管的电压U与电流I的关系特性，在正向电压小于某一值（叫阀值）时，电流极小，不发光。当电压超过某一值后，正向电流随电压迅速增加，发光。LED通常都具有如图1-11所示的较好的伏安特性。LED的$U\text{-}I$特性具有非线性、整流性质（单向导电性），即外加正偏压表现低电阻，反之为高电阻。

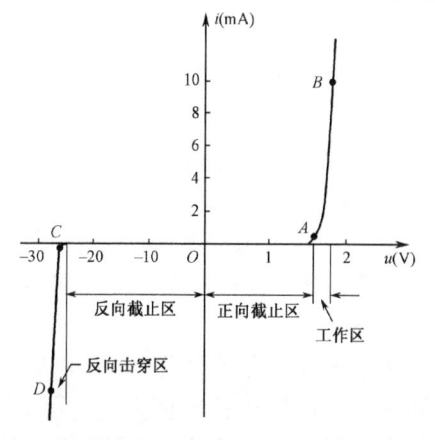

图1-11　LED的$U\text{-}I$特性

（1）正向特性

① 正向截止区　当发光二极管接上正向电压，并且电压值很小时，外加电场不足以克服内电场对扩散电流的阻挡作用，所以此时的正向电流很小，二极管呈现很大的电阻。图 1-11 所示中曲线 OA 段，A 点的电压称为阈值电压，阈值电压对于不同 LED 其值也不同，约为 1~3V。

② 正向工作区　当正向电压超过阈值电压后，内电场被削弱，正向电流增加很快，发光二极管正向导通并发亮，图 1-11 所示中曲线 AB 段，电流 I_F 与外加电压 U_F 接近线性关系。

（2）反向特性

① 反向截止区　发光二极管加上反向电压时，加强了 PN 结的内电场，使二极管呈现很大的电阻，图 1-11 所示中曲线 OC 段，此时的反向电流很小，约为几 μA 至几十 μA。

② 反向击穿区　当反向电压增加某一数值时，则出现反向电流急剧增加，二极管将失去单方向导电特性，而出现击穿现象。如图 1-11 所示中曲线 CD 段。

2. LED 光特性分析

类似于其他光源，LED 光特性主要包括光通量和发光效率、辐射通量和辐射效率、光强和光强分布特性及光谱参数等。

从测量的角度看，光通量的测试一般采用积分球法，现有的积分球法测 LED 光通量中有两种测试结构，一种是将被测 LED 放置在球心，另外一种是放在球壁。由于积分球法测试光通量时光源对光的自吸收会对测试结果造成影响，因此，往往引入辅助灯。在测得光通量之后，配合电参数测试仪可以测得 LED 的发光效率。而辐射通量和辐射效率的测试方法类似于光通量和发光效率的测试。

点光源光强在空间各方向均匀分布，在不同距离处用不同接收孔径的探测器接收得到的测试结果都不会改变，而 LED 由于其光强分布的不一致，使得测试结果随测试距离和探测器孔径大小变化。

LED 的光谱特性都可由光谱功率分布表示，而由 LED 的光谱功率分布还可计算得到色度参数。光谱功率分布的测试需要通过分光进行，将各色光从混合的光中区分出来进行测定，一般可以采用棱镜和光栅实现分光。

3. LED 的发光效率分析

LED 发光效率，就是 LED 组件外部可测量到光子数与外部注入 LED 电子数间的比值。而影响发光效率主要因素有内部量子效率与光提取效率。内部量子效率表示每秒从 LED 发光层发射出光子数除以每秒从外部注入电子数。简单地说，就是 LED 组件本身电光转换效率，主要与组件本身特性如组件材料能带、缺陷、杂质及组件外延组成及结构等相关。光提取效率是指 LED 内部产生光子，在经过组件本身吸收、折射、反射后实际上在组件外部可测量到光子数目。影响 LED 光提取效率因素包括 LED 电特性、LED 芯片取光效率与 LED 封装效率。

目前，LED 的内部量子效率这部分技术已相当成熟了，基本可以达到 80%甚至 90%以上。而光提取效率远没有这样高，也就是光子产生了，却无法有效放出，受限于材料吸收及电流分布不均以及临界角损失等因素，以至于发光层所发出的光量，仅有少部分真正能从 LED 向外发出。换言之，纵使 LED 内部量子效率极高，但是在 LED 外部所能真正接收到的光却很少，因此 LED 取光效率提升仍有很大技术瓶颈待克服。

复习思考题

1. LED 主要由_____、_____、_____、_____、_____五种物料所组成。
2. LED 在正向导通时能发光，光的强弱与_____有关，光的颜色与_____有关。
3. LED 的伏安特性具有_____性、_____性。
4. 影响 LED 发光效率主要因素有_____效率与_____效率。

技能训练二　LED 伏安特性的测试

1. 实训目的

（1）提高 LED 伏安特性的感性认识，包括正向电流、正向压降、反向电流和反向压降；
（2）熟悉 LED 的工作条件，正确、安全的使用 LED；
（3）通过电学特性的测量，认识 LED 的发光机理。

2. 实训器材

按表 1-8 所示准备 LED 伏安特性测试实训器材。

表 1-8　LED 伏安特性测试实训器材

序号	名　称	型号与规格	数　量
1	可调直流稳压电源	0～24V	1
2	万用表	FM—30 或其他	1
3	直流数字毫安表	自选	1
4	直流数字电压表	自选	1
5	可变电阻器	1kΩ/1W	1
6	发光二极管	$\phi 5$，红色	1
7	发光二极管	$\phi 5$，白色	1
8	电阻器	680Ω	1

3. 实训内容与步骤

（1）正向特性曲线的测量

实训电路如图 1-12 所示。

被测器件用红光 LED，利用逐点测量法，调节电位器改变输入电压 U_i，从而给 LED 加上不同的电压 U_F，测量不同电压时，流过 LED 对应的电流 I_F，将结果记入表 1-9 中。

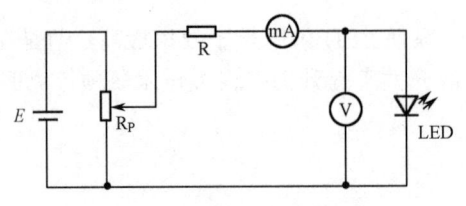

图 1-12　正向特性曲线测量电路

表 1-9　LED 正向特性测量记录

U_F（V）										
I_F（mA）										

（2）反向特性曲线的测量

将电源正负极互换如图 1-13 所示。测量二极管两端电压 U_F 和对应流过二极管的电流 I_F，将结果记入表 1-10 中。

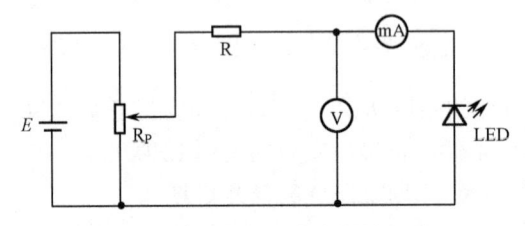

图 1-13　反向特性曲线测量电路

表 1-10　LED 反向特性测量记录

U_F（V）					
I_F（mA）					

（3）根据上述测量的数据，逐点描绘出 LED 的伏安特性曲线。

（4）将被测器件换成白光 LED，按上述步骤操作测量，记录数据并绘制曲线。

4. 注意事项

（1）发光二极管是非线性元件，为了避免烧坏发光二极管和仪表，对于红光 LED 测量时，从电流值为 7.00mA 所对应的电压开始测量，然后降低电压，测量每一点；对于白光 LED 测量时，要求从电流值为 20.00mA 所对应的电压开始测量，然后降低电压，测量每一点。

（2）正确连接分压电路及选择滑动头的初始位置。

（3）正向伏安特性的测量采用电流表外接，反向伏安特性的测量采用电流表内接。

（4）正确理解电表量程的变换及有效数字的读取。

5. 问题讨论

（1）比较实验中两种二极管的特性曲线有何区别？

（2）发光二极管正常工作的条件是什么？应如何确定？

(3)定性地分析对电表的接入所造成的误差。

技能训练三　LED 的电光转换特性测试

1. 实训目的

(1)了解 LED 电流注入功率与辐射功率的关系及其测试方法;
(2)了解 LED 的辐射(发光)效率。

2. 实训器材

按表 1-11 所示准备 LED 电光转换特性测试实训器材。

表 1-11　LED 电光转换特性测试实训器材

序号	名　　称	型号与规格	数　量
1	光电特性综合实验系统	CSY—10E	1
2	万用表	FM—30 或其他	1
3	直流数字毫安表	自选	1
4	直流数字电压表	自选	1
5	可变电阻器	1kΩ/1W	1
6	LED	ϕ5,红色	1

光电特性综合实验系统(CSY—10E)系统配置:
- 半导体发光器件及驱动电源;
- 光电探测器及驱动电源;
- 光栅单色仪;
- 电学特性测试仪;
- 光功率计;
- 计算机实验软件等。

3. 实验原理

电光转换特性是 LED 的光输出功率与注入电流的关系曲线,即 P-I 曲线,因为是自发辐射光,所以 P-I 曲线的线性范围比较如图 1-14 所示。

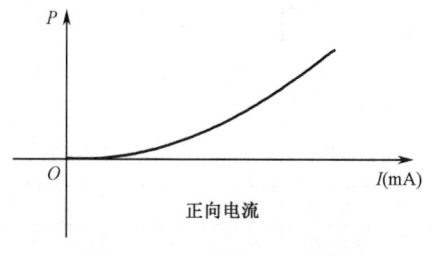

图 1-14　LED 的 P-I 曲线

LED 的输出光功率是 LED 重要参数之一,分为直流输出功率和脉冲输出功率。所谓直流输出功率是指在规定的正向直流工作电流下,LED 所发出的光功率。所谓脉冲输出光功率是指在规定的幅度、频率和占空比的矩形脉冲电流作用下,LED 发光面所发射出的光功率。实验仪只测量直流输出 P-I 特性,测量原理如图 1-15 所示。

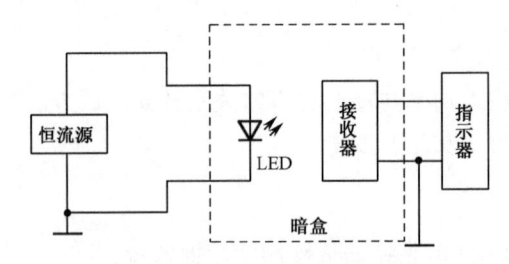

图 1-15 LED 的 P-I 曲线测量电路

测试时,调整 LED 发光面和探测器接收面互相平行且尽量靠近。调节恒流源,使其正向电流 I_F 连续变化,从光功率计得到对应的光功率。更准确的测量需用到积分球。积分球表面具有超高反射和散射的特性,可以把 LED 发出的所有光辐射能量收集起来,在位于球壁的探测器上产生均匀的与光(辐射)通量成比例的光(辐射)照度,用合适的探测器将其线性的转换成光电流,再通过定标确定被测量大小。

4. 实训内容与步骤

(1) 将待测红光 LED 接入胶木模块的插孔(注意正负极不要接反,LED 长脚接模块的"+"孔),模块另一端的插头插到控制面板"LED/LD 驱动"部分的"正向电压"端口,将胶木模块固定在转台导轨上。"电压测量"的正负端分别接到电压表的"20V+"和"−"端,电压表量程选择 20V。"电流测量"的正负端分别接到电流表的"200mA+"和"−"端,电流表量程选择 200mA。将探测器固定在二维支架上,移动导轨上支架,使探测器离转台最近,移动转台导轨上的胶木模块,使 LED 尽量靠近探测器探测器。探测器信号输出的红色插头插入控制面板"3"孔,黑色插头插入"2"孔,"4"、"5"之间插入 10kΩ 电阻。

(2) 打开"LED/LD 驱动"开关,缓慢增加 LED 的正向电流,记下正向电压、电流[记录电流时参考 LED 伏安特性(U-I)的测试的注意事项],填入表 1-12 中。通过计算机读出相应的功率读数,计算机软件会显示所得到的数据和图表。

表 1-12 P-I 特性测试记录

序号	LED 正向电流(mA)	LED 正向电压(V)	输出光功率(μW)
1			
2			
3			
4			
5			
6			

（3）实验结束把旋钮回复至初始位置，关闭电源。
（4）根据记录的表格计算 LED 的辐射效率 $\eta=P/IU$。

5. 问题讨论

（1）比较辐射效率和发光效率这两个物理概念。
（2）分析测量结果光功率和辐射效率偏低的原因。

任务三　认识高亮度 LED

随着 LED 性能持续地提高，应用市场也随之急速扩大，隐藏在背后的原因是使用 GaN、AlGaInP 发光材料的高亮度 LED，它拥有着长寿命、省电、耐震、低电压驱动等优点。高发光效率的 LED 更是在最近几年陆续被研发出来，未来高亮度 LED 市场的发展，将会更快速与广泛地成长。

一、高亮度 LED

1. 高亮度 LED 的特点

近几年，高亮度 LED（HI LED）在各种照明系统中作为光源日益受到青睐，如图 1-16 所示。由于高亮度 LED 具有高度的可靠性，使用寿命可以达到几十甚至几万小时，比传统的白炽灯或卤素灯的使用寿命高出几个数量级。

(a) 各色高亮度 LED 　　(b) 高亮度白光 LED

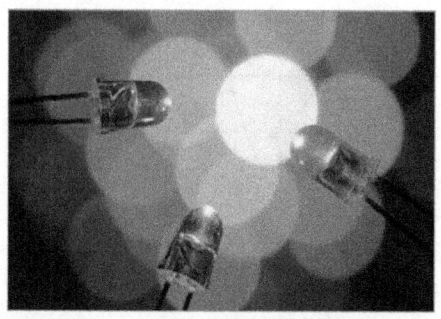

(c) 高亮度红色 LED 　　(d) 高亮度 LED 芯片

图 1-16　高亮度 LED 的外观

普通亮度的 LED 发光强度小于 10mcd，超高亮度的 LED 发光强度一般大于 100mcd，而把发光强度在 10~100mcd 的发光二极管叫做高亮度 LED，其工作电流在十几 mA 至几十 mA。它们各自的芯片结构也各不相同，如图 1-17 所示。

（a）GaN 基蓝绿光 LED 芯片

（b）GaN 基高亮度蓝光 LED 芯片

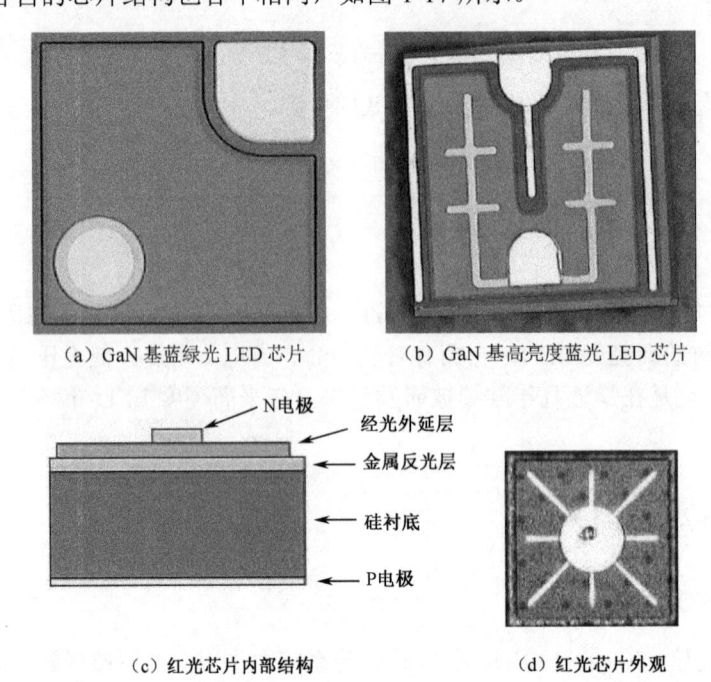

（c）红光芯片内部结构

（d）红光芯片外观

图 1-17　LED 芯片内部结构

从材料上来看，最早的低发光效率的 LED 采用 GaP、GaAsP，而高亮度 LED 采用 AlGaInP 和 InGaN，已达到常规材料 GaAlAs、GaAsP、GaP 不可能达到的性能水平。

2. 高亮度 LED 的基本特性

高亮度 LED 是经过特殊处理的 PN 结半导体器件，正向偏置时可发出白光、红光、绿光或蓝光（也可能产生其他颜色光）。作为 PN 结它们表现出类似于传统二极管的 $U\text{-}I$ 特性，但具有较高的结压降。基本特性分别如图 1-18 和图 1-19 所示。

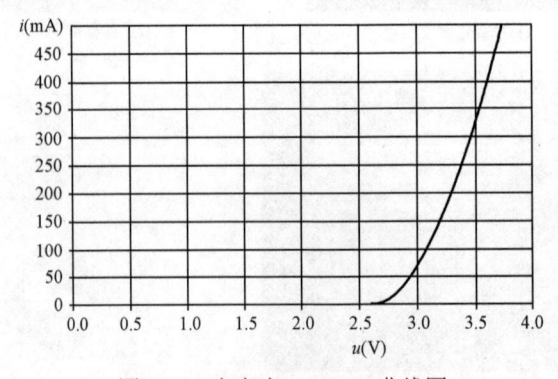

图 1-18　高亮度 LED $U\text{-}I$ 曲线图

从图 1-18 所示的高亮 LED U-I 曲线图分析可以得出，高亮 LED 在电压小于 2.5V 的时候是不导通的；而当电压大于 2.5V 时，电流随电压的升高近似线性上升，说明高亮 LED 是一种电压敏感型的元器件。

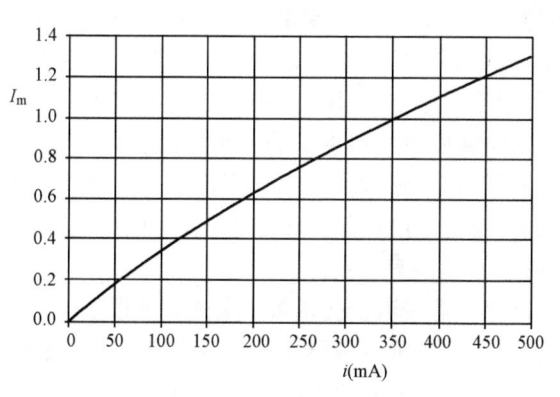

图 1-19　高亮 LED i-I_m 曲线图

从图 1-19 所示的高亮 LED（i-I_m）曲线图分析可以得出：电流与亮度的关系基本上是属于线性关系。因此，要做到无级调光，就必须很好地控制电流的线性度。LED 的输出亮度与正向电流成正比，因此，如果 I_F 未得到适当控制，输出亮度就可能出现无法接受的变化。另外，如果 I_F 超过规定的最大限制，还可能严重缩短 LED 的使用寿命。

3. 高亮度 LED 的关键技术

高亮度 LED 的关键制造技术之一是 MOCVD 技术。由于整个竖式 LED 结构采用 MOCVD 技术生长，这种技术不仅仅决定 LED 的质量和性能，而且在很大程度上决定 LED 制造的产量和成本，产率（每单位时间生产的晶圆面积）和产量是 LED 制造的关键指标。

所有 LED（蓝、绿或白光的 LED）的主要部分是以 GaN、InGaN、AlGaN 材料为基础，大部分 LED 都是在 2in（1in≈2.54cm）蓝宝石衬底上制造的。近年以来，MOCVD 产率的任何进展都是通过增加 MOCVD 反应炉的载荷量而获得的。当前 GaN、InGaN、AlGaN 的生长采用的是行星反应炉和近耦合喷淋头式反应炉，如图 1-20 所示，MOCVD 技术实现了大尺寸晶圆的生长。

（a）近耦合喷淋头式反应炉　　　　（b）行星反应炉

图 1-20　MOCVD 系统

4. 高亮度 LED 的散热

早期 LED 只用作状态指示灯，其封装散热从来就不是问题，但近年来 LED 的亮度、功率皆急剧提升，并开始应用于背光与电子照明等，LED 的封装散热问题已悄然浮现。

过往只用来当指示灯的 LED，每单一颗的点亮（顺向导通）电流多在 5～30mA，典型而言则为 20mA。而现在的高功率型 LED，则是每单一颗就会有 330mA～1A 的电流送入，每颗用电增加了十倍，甚至数十倍。在相同的单颗封装内送入倍增的电流，发热自然也会倍增。又由于要将白光 LED 拿来做照相手机的闪光灯、小型照明用灯泡、投影机内的照明灯泡，如此只是高亮度是不够的，还要用上高功率，这时散热就成了问题。

倘若不解决散热问题，而让 LED 的热无法排解，进而使 LED 的工作温度上升，最主要的影响为：发光亮度减弱、使用寿命衰减。

为了解决 LED 散热问题，常采用金属基板、陶瓷基板以及 AGSP 基板等技术，图 1-21 所示是 AGSP 基板结构，该结构在绝缘树脂中嵌入具有高导热率的铜柱，使得 LED 产生的热量能够通过铜柱传至封装外部。只要散热器、外壳等彼此之间采用物理接触，就能够实现高效散热。

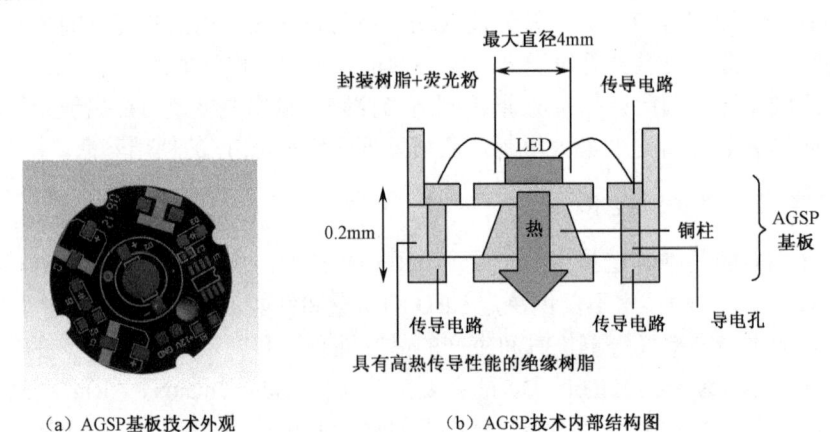

（a）AGSP 基板技术外观　　（b）AGSP 技术内部结构图

图 1-21　AGSP 技术提供出色的散热性能

5. 高亮度 LED 的应用

近年来，高亮度 LED 在汽车照明、便携式照明、户外照明、室内照明、交通标志、大屏幕显示以及其他照明中得到普遍应用，如图 1-22 所示。

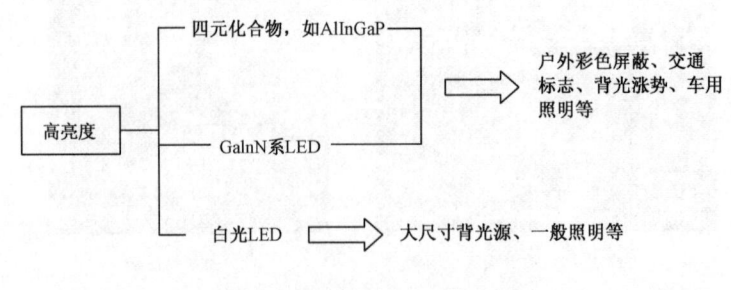

图 1-22　高亮度 LED 的应用

（1）汽车照明

以汽车照明为例，车用 LED 可分为汽车外部及内部应用，内部包括仪器仪表板、空调音响等指示灯及内部阅读灯；外部则包括第三刹车灯、尾灯、方向灯、侧灯等，如图 1-23 所示。

(a) 汽车照明灯

(b) 汽车尾灯

(c) 汽车高位刹车灯

(d) 汽车仪表盘

图 1-23　高亮度 LED 在汽车照明中的应用

（2）便携式照明

便携式照明包括手电筒、阅读灯及矿工灯等，如图 1-24 所示。

(a) LED 手电筒

(b) LED 台灯

图 1-24　便携式照明

（3）户外照明

户外照明泛指高速公路、道路和隧道等区域照明设备，包括路灯、街灯、停车场灯、公园灯等如图 1-25 所示。

在我国新一轮的发展中将重点推广 LED 路灯和隧道灯等项目。

(a) 480W 路灯　　　　　　　　(b) 高亮度路灯

(c) 水下照明 LED　　　　　　　(d) 高亮度景观灯

图 1-25　高亮度 LED 在户外照明中的使用

(4) 室内照明

室内照明包括嵌灯、投射灯、吊灯等，如图 1-26 所示。

(a) LED 大功率天花射灯　　　　(b) LED 影视灯

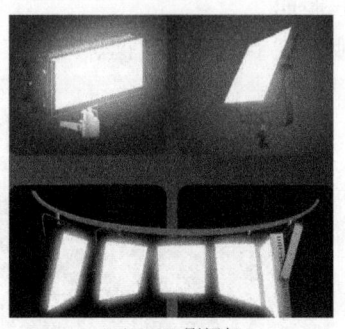

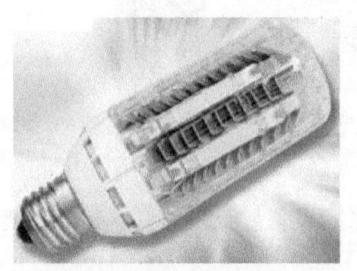

(c) 高亮度 5W LED 灯　　　　　(d) 螺口 LED 灯

图 1-26　高亮度 LED 在室内照明中的使用

（5）交通标志

用高亮度 LED 取代白炽灯，用于交通信号灯、警示灯、标志灯现已遍及世界各地，如图 1-27 所示。目前，采用超高亮度 LED 取代传统的白炽灯降低电力损耗已取得明显效果。

(a) LED 交通标志灯　　　　　　　(b) LED 三色交通灯

图 1-27　高亮度 LED 交通标志灯

（6）大屏幕显示

大屏幕显示是高亮度 LED 应用的另一个巨大市场，包括图形、文字、数字的单色、双色和全色显示。传统的大屏幕有源显示一般采用白炽灯、光纤、阴极射线管等；无源显示一般采用翻牌的方法。高亮度 LED 能够提供明亮的红、黄、绿、蓝各种颜色，以满足全色大屏幕显示的要求，如图 1-28 所示。

(a) 运动场所大屏幕显示　　　　　　(b) 北京天幕系统

图 1-28　高亮度 LED 大屏幕显示效果

（7）高科技电子产品中的应用

在摄像机照明、手机闪光灯、光电鼠标、投影仪、电子发光体中高亮度 LED 也得到了广泛的应用，如图 1-29 所示。

(a) 投影机　　　　　(b) 手机闪光灯　　　　　(c) 高亮摄像头灯

图 1-29　高亮度 LED 在各种电子产品中的应用

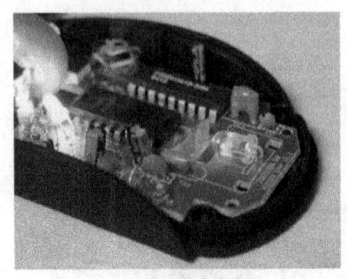

(d) 光电鼠标 　　　　　　　　　(e) 北京奥运会开幕式五环标志

图 1-29　高亮度 LED 在各种电子产品中的应用（续）

二、白光 LED 的实现方法

传统的照明技术是在电真空技术的基础上发展起来的，由于半导体技术的发展，电子管的电子元件逐步被晶体管所替代。和晶体管元件一样，固态照明产品与传统的照明产品相比，有明显的优势。随着节能、环保型照明需求的日益提高，白光 LED 正快速发展，白光是一种多颜色的混合光，有三种方法可实现白光 LED。

（1）蓝色 LED 芯片和可被蓝光有效激发的发黄光荧光粉有机结合组成白光 LED。一部分蓝光被荧光粉吸收，激发荧光粉发射黄光。发射的黄光和剩余的蓝光混合，调控它们的强度比即可得到各种色温的白光。

（2）将红、绿、蓝三基色 LED 组成一个像素也可得到白光。

（3）像三基色节能灯那样，发紫外光 LED 芯片和可被紫外光有效激发而发射红、绿、蓝三基色荧光体有机结合组成白光 LED。

三种方式的优缺点比较见表 1-13 所示。

表 1-13　白光 LED 实现方法比较

名　称	优　点	缺　点
通过 LED 红、绿、蓝的三基色多芯片组和发光合成白光	效率高、色温可控、显色性较好	三基色光衰不同导致色温不稳定、控制电路较复杂、成本较高
蓝光 LED 芯片激发黄色荧光粉组成白光	效率高、制备简单、温度稳定性较好、显色性较好	一致性差、色温随角度变化
紫外光 LED 芯片激发荧光粉发出三基色合成白光	显色性好、制备简单	LED 芯片效率较低，有紫外光泄漏问题，荧光粉温度稳定性问题有待解决

荧光体的选用可以是高效的无机或有机荧光体或两者结合。当前是以由蓝色 InGaN LED 芯片和可被蓝光有效激发的发黄光的铈激活的稀土石榴石荧光粉有机结合，实现发白光 LED。从理论和技术发展分析，白光 LED 的光效可以达到 200lm/W 以上。

白光 LED 及组合成光源具有许多优点：固体化，体积小、寿命长（万小时）、抗震，不易破损，启动响应时间短（ns），耗电量小，无公害（无汞）等。

应用提示

LED 从过去只能用在电子装置的状态指示灯（即普通的 LED），进步到成为液晶显示的背光，再扩展到电子照明及公众显示，如车用灯、交通号志灯、看板讯息跑马灯、大型影视墙，甚至是投影机内的照明等，其应用仍在持续延伸。而这一切的改变离不开高亮度 LED 技术的到来。

影响 LED 器件性能发挥的主要技术因素是散热和驱动问题。在驱动 LED 时，因为所有未作为光输出的功率都转化成热量能耗，如何解决 LED 和驱动 IC 的散热就是个问题。

由于 LED 光源是低电压、大电流驱动器件，其发光强度由流过 LED 的电流大小决定，电流过强会引起 LED 光的衰减，电流过弱会影响 LED 的发光强度，因此，LED 的驱动需要提供恒流电源，或者恒压电源，又或者是开关电源，以保证 LED 使用的安全性，同时达到理想的发光强度。

复习思考题

1. 普通 LED、高亮度 LED、超高亮度 LED 根据发光强度如何区分？
2. 简述高亮度 LED 电流与亮度的关系特性。
3. 高亮度 LED 工作温度升高所带来的主要影响有哪些？
4. 试列出几种常见的高亮度 LED 在高科技电子产品中的应用。

技能训练四　高亮度 LED 与普通 LED 性能的比较

1. 实训目的

（1）认识高亮度 LED 的外形特征；
（2）比较普通 LED 与高亮度 LED；
（3）了解超高亮度 LED。

2. 实训器材

按表 1-14 所示准备高亮度 LED 与普通 LED 性能比较实训器材。

表 1-14　高亮度 LED 与普通 LED 性能比较实训器材

序号	名称	型号与参数	数量
1	5mm LED（普通）	2V，10mA	1
2	5mm 聚光红色 LED（高亮）	3～3.4V，10～30mA	1
3	3mm 超高亮白光 LED	3.2～3.4V，300mA	1
4	稳压电源	0～5V	1
5	电阻	100Ω	1

3. 实训内容与步骤

（1）外观定性比较，并填入表 1-15 中。

表 1-15 普通亮度、高亮度、超高亮度外观比较记录

LED 器件	直径	高度	重量	外观草图
5mm LED（普通）				
5mm 聚光红色 LED（高亮）				
3mm 超高亮白光 LED				

（2）亮度比较

按照图 1-30 所示搭建电路，稳压电源电压选择 2～3.5V。当稳压电源开关闭合时，分别连接普通 LED、高亮度 LED 和超高亮度 LED，在光线充足和光线不足的地方分别对其进行目测，观察亮度情况，把现象填入表 1-16 中。

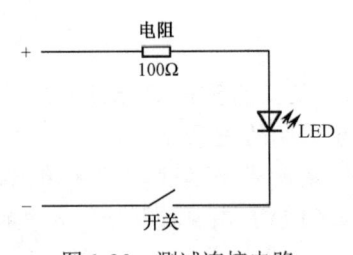

图 1-30 测试连接电路

表 1-16 常用 LED 亮度比较记录

光线条件	5mm LED（普通）	5mm 聚光红色 LED（高亮）	3mm 超高亮白光 LED
充足			
不足			

4. 问题讨论

通过网络或生活经验，查找并列出常见电子产品中使用了普通 LED、高亮度 LED 和超高亮度 LED 的名称，并归类填入表 1-17 中（最少各三项）：

表 1-17 普通亮度、高亮度、超高亮度名称分类记录

序号	普通 LED	高亮度 LED	超高亮度 LED
1			
2			
3			
4			
5			

项目小结

1. LED 是通电时可发光的半导体材料制成的发光元件，它可以直接把电转换为光。

2. LED 具有发光效率高、使用寿命长、节能、体积小、安全可靠性高、控制方式灵活、高亮度及环保等基本特征。

3. 常见 LED 的分类有按产业、结构、出光面特征、发光颜色、发光强度及亮度等几种。

4. LED 具有二极管的单向导电性，在正向工作状态下能发光，发光亮度与正向电流近似成正比，电流增大，发光亮度也近似增大。

5. 高亮度 LED 处于正向偏置时可发出白光、红光、绿光或蓝光，也可能产生其他颜色的光。

6. LED 的应用主要可分为三大类：LED 照明、LED 显示和 LCD（液晶显示）屏背光源。

项目一　自我评价

评 价 内 容		学习目标实现情况
知识目标	1. 了解 LED 的基本特征	☆☆☆☆☆
	2. 熟悉 LED 的工作条件	
	3. 认识常见 LED 器件	
技能目标	1. 掌握用万用表测试 LED 的方法	☆☆☆☆☆
	2. 学会测试 LED 伏安特性	
	3. 学会识别 LED 器件	
学习态度	快乐与兴趣	
	方法与行为习惯	
	探索与实践	
	合作与交流	
个人体会		

项目二　认知 LED 照明

> **项目描述**
>
> 由于现行的工频电源和常见的电池电源都不适合直接给 LED 供电，因此采用 LED 驱动器，它可以驱使 LED 在最佳电压或电流状态下工作。在本项目中，将介绍 LED 驱动器的基本知识及概念，并以恒压源供电电阻限流电路为例进行分析，最终完成一个 LED 台灯产品的制作，从而初步了解 LED 在照明中的应用。

　　LED 光质好，无紫外线、红外线和热辐射，不仅对环境没有任何污染，而且与传统的白炽灯、荧光灯相比，节电效率可以达到 90%以上。白光 LED 最接近日光，能较好地反映照射物体的真实颜色。LED 一般采用低压驱动，安全可靠。在同样亮度下，LED 的电能消耗仅为普通白炽灯的 1/10，而寿命却是白炽灯的 100 倍，可以达到 10 万小时。如果以一天用 6 小时计算，一只 LED 灯泡可以照明 50 年，优势十分明显。

　　国家多部门联合组织编制的《"十一五"十大重点节能工程实施意见》中有关的主要内容就是节能照明产品的推广，采用 LED 照明产品，改造大中城市交通信号灯系统，开展在景观照明中应用 LED 的示范。

任务一　恒压式驱动电路

　　近年来，LED 在各行各业的应用得以快速发展，LED 的驱动电路成了产品应用的一大关键因素。理论上，LED 的使用寿命在 10 万小时以上，但在实际应用过程中，由于驱动电路的设计及驱动方式选择不当，LED 极易损坏。

　　理想的 LED 驱动方式是采用恒压、恒流，以串联方式级联多个 LED，但这会使驱动器的成本增加。其实每种驱动方式均有优、缺点，根据 LED 产品的要求、应用场合，合理选用 LED 驱动方式，精确设计驱动电源成为关键。

一、LED 驱动器

1. LED 驱动器的概述

　　LED 驱动器是指驱动 LED 发光或 LED 模块组件正常工作的电源调整电子器件。由 LED 的 PN 结的导通特性决定，它能适应的电源电压和电流变动范围十分狭窄，稍许偏离就可能无法点亮 LED 或者使发光效率严重降低，又或者缩短使用寿命甚至烧毁芯片。现行的工频电源和常见的电池电源均不适合直接给 LED 供电，LED 驱动器就是这种可以驱使 LED

在最佳电压或电流状态下工作的电子器件。

由于LED应用几乎遍及电子学应用的各个领域，其发光强度、光色及通断控制等变化几乎是无法预估的，所以LED驱动器也就成为几乎是一对一的伺服器件，这使得这个器件家族成员变得五花八门。最简单的LED驱动器就是一个或几个串并联的阻容元件在回路中分流分压，根本不称其为一个独立的产品。而在更普遍的商业应用中要求提供稳定的恒流恒压输出，因此形成了一系列有精确的电源调整能力的系统解决方案。实现这些解决方案，通常需要比较复杂的电路设计，其核心是LED驱动IC的集成化应用。通过在LED驱动IC外围设置不同的支持电路，构建针对不同的LED应用的解决方案，例如，小到手机显示屏背光和按键灯光驱动，大到大功率LED路灯和大型户外LED显示屏等。

比较通用的大功率LED驱动器设计和供应，一般都由专业公司承担。这些公司将其二次封装成模块后供应给LED终端应用产品制造商。而不太通用的LED终端应用产品的驱动设计，则需要自己动手设计。这个驱动设计也就成为这个LED终端应用产品独具技术含量的重要组成部分。因为作为封装产品的LED在上游，其技术性能已经固化在LED产品中，而打造独具特色的终端LED应用产品，对光源而言，除了在LED驱动功能上下工夫之外，其他还可以努力的方向已经不多了。

由于LED驱动器在LED应用产品上独到的重要性和广泛的用户需求，使得作为LED驱动器心脏部件的LED驱动IC成了整个技术环节中的关键元素。这促使很多生产商，其中不乏上市公司，以LED驱动器作为其主营产品，向下游产业大量供应LED驱动IC。

2. LED驱动器的要求

驱动LED面临着不少挑战，如正向电压会随着温度、电流的变化而变化，而不同个体、不同批次、不同供应商的LED正向电压也会有所差异；LED的"色点"也会随着电流及温度的变化而漂移。

另外，应用中通常会使用多个LED，这就涉及到多个LED的排列方式问题。各种排列方式中，首选驱动串联的单串LED，因为这种方式不论正向电压如何变化、输出电压（V_{out}）如何"漂移"，均能提供极佳的电流匹配性能。当然，用户也可以采用并联、串联—并联组合及交叉连接等其他排列方式，用于需要"相互匹配的"LED正向电压的应用中，并获得其他优势。如在交叉连接中，如果其中某个LED因故障断路，电路中仅有1个LED的驱动电流会加倍，从而可以尽量减少对整个电路的影响。

LED的排列方式及LED光源的规范决定着对驱动器的基本要求。LED驱动器的主要功能就是在一定的工作条件范围下限制流过LED的电流，而不管输入及输出电压如何变化。

总的来说，LED驱动器的要求包括以下几个方面。

（1）对输出功率和效率的要求

对输出功率和效率的要求涉及到LED正向电压范围、电流及LED排列方式等。LED的正向伏安特性和普通二极管类似，外加正向电压稍有变化，其正向电流就会产生很大变化，致使LED内部损耗及发热程度快速上升，严重影响LED的正常工作和寿命。为了防止这种情况发生，大功率 LED 一般必须采用恒流方式供电。为了尽可能提高电流源的效率，减少发热，电流源的输入电压必须得到合理控制，使其最大值在扣除内部压降后同电流一样，也应与 LED 需要的总电压相匹配。内部损耗小了，电流源的可靠性才能得到保障。

驱动器要有较高的功率转换效率，以延长电池的寿命或两次充电时间之间的间隔。目前，功率转换效率高的可达 80%～90%，一般的可达 60%～80%。同时要求有关闭功能控制，在关闭状态下，一般耗电小于 $1\mu W$。

（2）对供电电源的要求

供电电源分为三种方式，即 AC-DC 电源、DC-DC 电源和直接采用 AC 电源驱动。其中，市电供电主要用于驱动大功率白光 LED，它是一种对 LED 照明应用最有价值的供电方式，是半导体照明普及及应用必须要解决好的问题。

（3）对功能的要求

对功能的要求包括对调光、调光方式（模拟、数字或多级）、照明控制的要求等。LED 的最大电流可设定，在使用过程中可进行亮度调节，调节方便，简单易于操作。

（4）其他方面的要求

尺寸的大小应适合现代社会的发展方向，集成化、小型化，外围元件少而小，使其占印制电路板面积小，以便小尺寸封装；成本的控制、故障处理（保护特性）及完善的保护电路，如低压锁存、过压保护、过热保护、输出开路或短路保护；要遵从的标准及可靠性等要求。

除此之外，还应该有更多的考虑因素，如机械连接、安装、维修或替换、寿命周期、物流等一些现实使用时应考虑到的问题。

3. LED 驱动器的分类

（1）按驱动方式分类

① 恒流式

a. 恒流驱动电路驱动 LED 是很理想的，缺点就是价格较高。

b. 恒流电路虽然不怕负载短路，但是严禁负载完全开路。

c. 恒流驱动电路输出的电流是恒定的，而输出的直流电压却随着负载阻值大小的不同在一定范围内变化。

d. 应限制 LED 的使用数量，因为它有最大承受电流及电压值。

② 恒压式

a. 恒压电路确定各项参数后，输出的是固定电压，输出的电流却随着负载的增减而变化。

b. 恒压电路虽然不怕负载开路，但是严禁负载完全短路。

c. 恒压后的电压变化会影响 LED 的亮度。

d. 要使每串以恒压电路驱动 LED 显示亮度均匀，需要加上合适的电阻才可以。

恒压式驱动电路与恒流式驱动电路对比如表 2-1 所示。

表 2-1　恒压式驱动电路与恒流式驱动电路电路比较

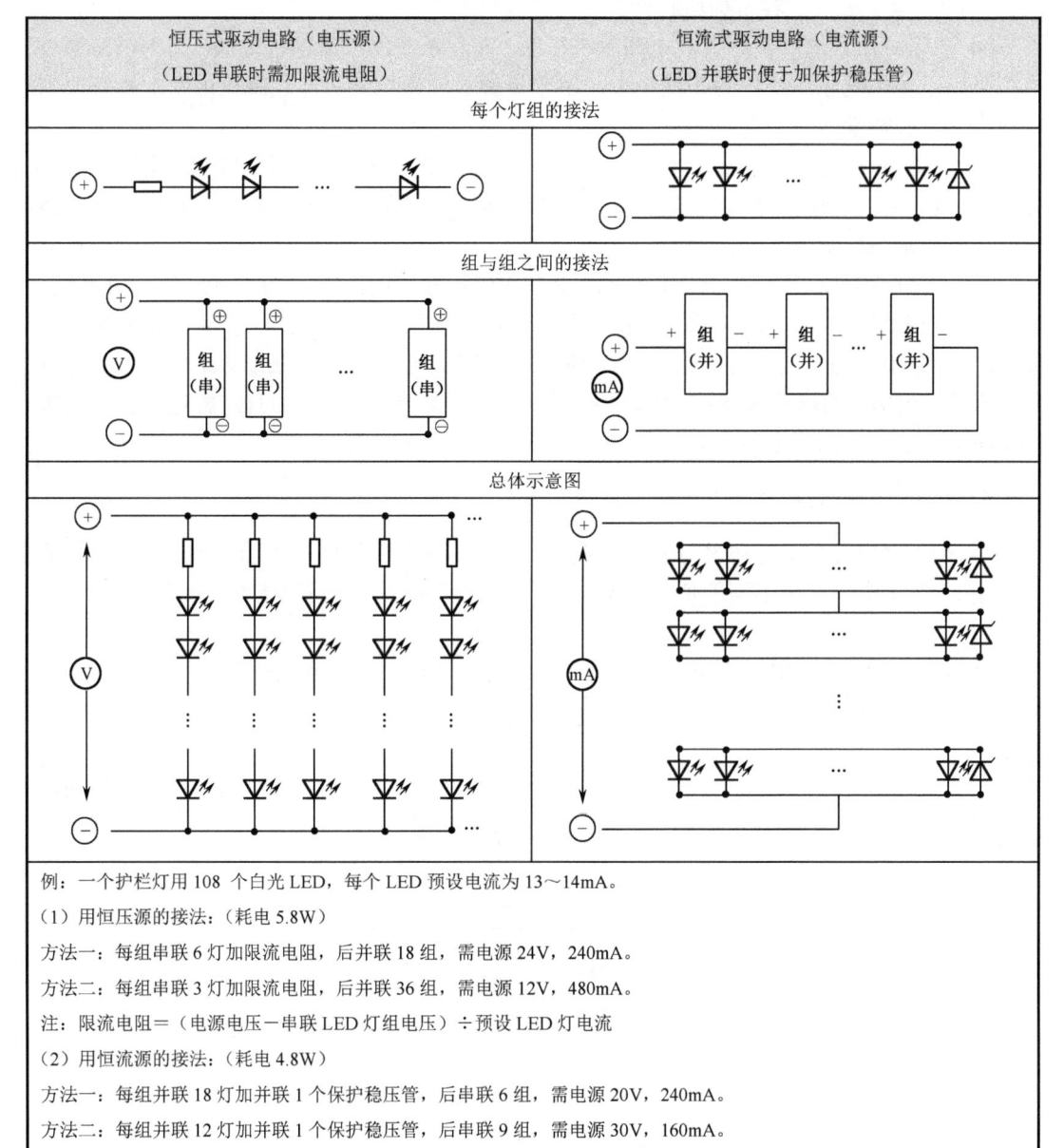

恒压式驱动电路（电压源） （LED 串联时需加限流电阻）	恒流式驱动电路（电流源） （LED 并联时便于加保护稳压管）
每个灯组的接法	
(电路图)	(电路图)
组与组之间的接法	
(电路图)	(电路图)
总体示意图	
(电路图)	(电路图)

例：一个护栏灯用 108 个白光 LED，每个 LED 预设电流为 13～14mA。
(1) 用恒压源的接法：（耗电 5.8W）
方法一：每组串联 6 灯加限流电阻，后并联 18 组，需电源 24V，240mA。
方法二：每组串联 3 灯加限流电阻，后并联 36 组，需电源 12V，480mA。
注：限流电阻＝（电源电压－串联 LED 灯组电压）÷预设 LED 灯电流
(2) 用恒流源的接法：（耗电 4.8W）
方法一：每组并联 18 灯加并联 1 个保护稳压管，后串联 6 组，需电源 20V，240mA。
方法二：每组并联 12 灯加并联 1 个保护稳压管，后串联 9 组，需电源 30V，160mA。
方法三：每组并联 6 灯加并联 1 个保护稳压管，后串联 18 组，需电源 60V，80mA。

（2）按电路结构分类

① 常规变压器降压　这种电源的优点是体积小，不足之处是重量偏重、电源效率也很低，一般在 45%～60%，因为可靠性不高，所以一般很少使用。

② 电子变压器降压　这种电源结构不足之处是转换效率低，电压范围窄，一般 180～240V，波纹干扰大。

③ 电容降压　这种方式的 LED 电源容易受电网电压波动的影响，电源效率低，不宜

在 LED 闪动时使用，因为电路通过电容降压，在闪动使用时，由于充放电的作用，通过 LED 的瞬间电流极大，容易损坏芯片。

④ 电阻降压　这种供电方式电源效率很低，而且系统的可靠性也较低。因为电路通过电阻降压，受电网电压变化的干扰较大，不容易做成稳压电源，并且降压电阻本身还要消耗很大部分的能量。

⑤ RCC 降压式开关电源　这种方式的 LED 电源优点是稳压范围比较宽，电源效率比较高，一般可在 70%～80%，应用较广。缺点主要是开关频率不易控制，负载电压波纹系数较大，异常情况负载适应性差。

⑥ PWM 控制式开关电源　目前来说，PWM 控制方式设计的 LED 电源是比较理想的，因为这种开关电源的输出电压或电流都很稳定。电源转换效率极高，一般都可高达 80%～90%，并且输出电压、电流十分稳定。这种方式的 LED 电源主要由四部分组成，它们分别是输入整流滤波、输出整流滤波、PWM 稳压控制和开关能量转换。而且这种电路都有完善的保护措施，属于高可靠性电源。

4. LED 驱动器的方案选择

尽管 LED 电源驱动有多种方案可供选择，但无论采取哪种电源驱动方案，一般都不能直接给 LED 供电。对于不同的使用情况，LED 电源变换器有不同的技术实现方案。

（1）阻限流电路

如图 2-1 所示，电阻限流驱动电路是最简单的驱动电路，限流电阻为

$$R = \frac{U_{in} - yU_F - U_D}{xI_F}$$

式中，U_{in} 为电路的输入电压；U_F 为 LED 在正向电流为 I_F 时的压降；U_D 为二极管的反向压降（可选）；y 为每串 LED 的数目；x 为并联 LED 的串数。

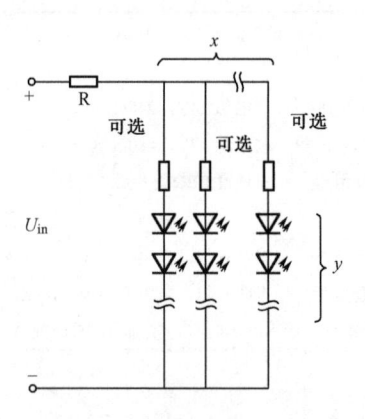

图 2-1　电阻限流驱动电路

由图 2-1 可得，LED 的线性化数学模型为

$$U_F = U_D + R_S I_F$$

式中，U_D 为单个 LED 的开通压降；R_S 为单个 LED 的线性化等效串联电阻。

则上面限流电阻的计算可写为

$$R = \frac{U_{in} - yU_F - U_D}{xI_F} - \frac{y}{x}R_S$$

当电阻选定后,电阻限流电路的 I_F 与 U_F 的关系为

$$I_F = \frac{U_{in} - yU_F - U_D}{xR + yR_S}$$

由上式可知,电阻限流电路简单,但是,在输入电压波动时,通过 LED 的电流也会跟着变化,因此调节性能差。另外,由于电阻 R 的接入损失,因此效率低。

(2) 线性调节器

线性调节器的核心是利用工作在线性区的功率三极管或 MOSFFET 作为一动态可调电阻来控制负载。线性调节器有并联型和串联型两种。

如图 2-2(a) 所示为并联型线性调节器,又称为分流调节器(图中仅画出了一个 LED,实际上负载可以是多个 LED 串联,下同),它与 LED 并联,当输入电压增大或者 LED 减少时,通过分流调节器的电流将会增大,这将会增大限流电阻上的压降,以使通过 LED 的电流保持恒定。

由于分流调节器需要串联一个电阻,所以效率不高,并且在输入电压变化范围比较宽的情况下很难做到恒定的调节。

如图 2-2(b) 所示为串联型线性调节器,当输入电压增大时,调节动态电阻增大,以保持 LED 上的电压(电流)恒定。

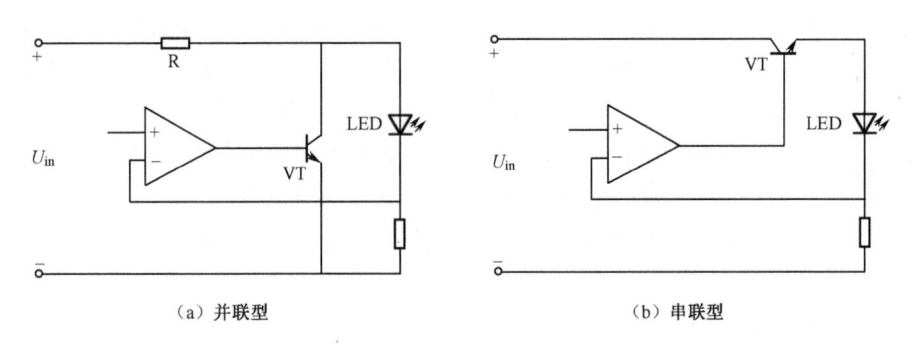

(a) 并联型　　　　　　　　　　(b) 串联型

图 2-2　线性调节器

由于功率三极管或 MOSFFET 管都有一个饱和导通电压,因此,输入的最小电压必须大于该饱和电压与负载电压之和,电路才能正确地工作。

(3) 开关调节器

上述驱动技术不但受输入电压范围的限制,而且效率低。用于低功率的普通 LED 驱动时,由于电流只有几个毫安,因此损耗不明显,当用做电流有几百毫安甚至更高的高亮 LED 的驱动时,功率电路的损耗就成了比较严重的问题。开关电源是目前能量变换中效率最高的,可以达到 90%以上。Buck(降压型)、Boost(升压型) 和 Buck-Boost(升降压型) 等功率变换器都可以用于 LED 的驱动,只是为了满足 LED 驱动,采用检测输出电流而非检测输出电压进行反馈控制。

（4）调光方式

在手机及其他消费类电子产品中，白光LED越来越多地被用做显示屏的背光源。近来，许多产品设计者希望白光 LED 的光亮度在不同的应用场合能够作相应的变化。这就意味着，白光LED的驱动器应能够支持LED光亮度的调节功能。目前，调光技术主要有三种：PWM 调光、模拟调光及数字调光。很多驱动器都能够支持其中的一种或多种调光技术。

PWM（脉宽调制）调光方式——这是一种利用简单的数字脉冲，反复开关白光 LED 驱动器的调光技术。应用者的系统只需要提供宽、窄不同的数字式脉冲，即可简单地实现改变输出电流，从而调节白光 LED 的亮度。PWM 调光的优点在于能够提供高质量的白光，应用简单，效率高。例如，在手机的系统中，利用一个专用 PWM 接口可以简单地产生任意占空比的脉冲信号，该信号通过一个电阻，连接到驱动器的 EN 接口。目前，市面上多数厂商的驱动器都支持 PWM 调光。

但是，PWM 调光有其劣势，主要反映在 PWM 调光很容易使得白光 LED 的驱动电路产生人耳听得见的噪声。这个噪声是如何产生的呢？通常白光 LED 驱动器都属于开关电源器件，其开关频率都在 1MHz 左右，因此在驱动器的典型应用中是不会产生人耳听得见的噪声的。但是当驱动器进行 PWM 调光的时候，如果 PWM 信号的频率正好落在 200Hz 到 20kHz 之间，那么白光 LED 驱动器周围的电感和输出电容就会产生人耳听得见的噪声。所以设计时要避免使用 20kHz 以下的低频段。

另外，一个低频的开关信号作用于普通的绕线电感，会使得电感中的线圈之间互相产生机械振动，如果该机械振动的频率正好落在上述频率中，那么电感发出的噪声就能够被人耳听见。电感产生了一部分噪声，另一部分噪声来自输出电容。现在越来越多的手机设计者采用陶瓷电容作为驱动器的输出电容。陶瓷电容具有压电特性，这就意味着：当一个低频电压纹波信号作用于输出电容时，电容就会发出吱吱的蜂鸣声。当 PWM 信号为低时，白光 LED 驱动器停止工作，输出电容通过白光 LED 和下端的电阻进行放电。因此在 PWM 调光时，输出电容不可避免地产生很大的纹波。总之，为了避免 PWM 调光时可听得见的噪声，白光 LED 驱动器应该能够提供超出人耳可听见范围的调光频率。

相对于 PWM 调光，如果能够改变 R_S 的电阻值，那么同样能够改变流过白光 LED 的电流，从而变化 LED 的光亮度，这种技术称为模拟调光。

模拟调光最大的优势是避免了由于调光时所产生的噪声。在采用模拟调光技术时，LED 的正向导通压降会随着 LED 电流的减小而降低，使得白光 LED 的能耗也有所降低。但是区别于 PWM 调光技术，在模拟调光时白光 LED 驱动器始终处于工作模式，并且驱动器的电能转换效率随着输出电流的减小而急速下降。所以，采用模拟调光技术往往会增大整个系统的能耗。模拟调光技术还有个缺点就是发光质量。由于它直接改变白光 LED 的电流，使得白光 LED 的白光质量也发生了变化。

除了 PWM 调光、模拟调光，目前有些厂商的驱动器还支持数字调光。具备数字调光技术的白光 LED 驱动器会有相应的数字接口。该数字接口可以是 SMB、I2C 或者是单线式数字接口。系统设计者只要根据具体的通信协议，给驱动器一串数字信号，就可以使白光 LED 的光亮发生变化。

应用提示

理想的 LED 驱动方式是采用恒压式或恒流式，但这样会增加驱动器的成本。其实每种驱动方式均有优、缺点，根据 LED 产品的要求、应用场合，合理选用 LED 驱动方式，精确设计驱动电源成为关键。LED 虽然在节能方面比普通光源的效率高，但是 LED 光源却不能像一般的光源一样可以直接使用公用电网电压，它必须配有专用电压转换设备，提供能够满足 LED 额定的电压和电流，才能使 LED 正常工作，也就是所谓的 LED 专用电源。

二、恒压源供电电阻限流电路分析

在设计 LED 驱动电路时，需要知道 LED 电流、电压特性，由于 LED 的生产厂家及 LED 的规格不同，电流、电压特性均有差异。现以白光 LED 典型规格为例，按照 LED 的电流、电压变化规律，一般应用中的 LED 正向电压为 3.0～3.6V，典型值电压为 3.3V，电流为 20mA。当 LED 两端的正向电压超过 3.6V 后，正向电压只有很小的增加，但它的正向电流可能会成倍增长，使 LED 发光体温度升高过快，从而加速 LED 光衰减，使 LED 的寿命缩短，严重时甚至会烧坏 LED。根据 LED 的电压、电流变化特性，对驱动电路的设计有严格的要求。

当前很多厂家生产的 LED 灯产品（如护栏、灯杯、投射灯）采用阻容降压，然后加上一个稳压二极管稳压，向 LED 供电，这样驱动 LED 的方式简单便宜，但存在缺陷，首先是效率低，在降压电阻上消耗大量电能，甚至有可能超过 LED 所消耗的电能，且无法提供大电流驱动，因为电流越大，要求降压电容越大，所以消耗在降压电阻上的电能就越大。其次是稳定电压的能力极差，无法保证通过 LED 电流不超过其正常工作要求，设计产品时都会采用降低 LED 两端电压来供电驱动，这样是以降低 LED 亮度为代价的。采用阻容降压方式驱动 LED，LED 的亮度不能稳定，当供电电源电压降低时，LED 的亮度变暗，供电电源电压升高时，LED 的亮度就会变亮些。

根据 LED 电流、电压变化特点，采用恒压驱动 LED 是可行的，虽然常用的稳压电路存在稳压精度不够和稳流能力较差的缺点，但在某些产品的应用上，其优势仍然是其他驱动方式无法企及的。

1. 电容降压的原理

电容降压的工作原理并不复杂。它的工作原理是利用电容在一定的交流信号频率下产生的容抗来限制最大工作电流。例如，在 50Hz 的工频条件下，一个 1μF 的电容所产生的容抗约为 3180Ω。当 220V 的交流电压加在电容的两端时，流过电容的最大电流约为 70mA。虽然流过电容的电流有 70mA，但在电容器上并不产生功耗，因为如果电容是一个理想电容，那么流过电容的电流为虚部电流，它所做的功为无功功率。

根据这个特点，如果在一个 1μF 的电容器上再串联一个阻性元件，那么阻性元件两端所得到的电压和它所产生的功耗则完全取决于这个阻性元件的特性。例如，将一个 110V、

8W 的灯泡与一个 1μF 的电容串联，再接到 220V、50Hz 的交流电压上，灯泡被点亮，发出正常的亮度而不会被烧毁。因为 110V、8W 的灯泡所需的电流为 8W/110V≈72mA，它与 1μF 电容所产生的限流特性相吻合。

同理，也可以将 65V、5W 的灯泡与 1μF 电容串联接到 220V、50Hz 的交流电上，灯泡同样会被点亮，而不会被烧毁。因为 65V、5W 的灯泡的工作电流也约为 70mA。因此，电容降压实际上是利用容抗限流。而电容实际上起到限制电流及动态分配电容和负载两端电压的作用。

采用电容降压时应注意的几点，下面一一说明。

① 根据负载的电流大小和交流电的工作频率选取适当的电容，而不是依据负载的电压和功率。

② 限流电容必须采用无极性电容，绝对不能采用电解电容，且电容的耐压须在 400V 以上。最理想的电容为铁壳油浸电容。

③ 电容降压不能用于大功率条件，因为不安全。

④ 电容降压不适合动态负载条件。

⑤ 同样，电容降压不适合容性和感性负载。

⑥ 当需要直流工作时，尽量采用半波整流，不建议采用桥式整流，而且要满足恒定负载的条件。

2. 电容降压 LED 驱动电路

采用电容降压电路是一种常见的小电流电源电路，由于其具有体积小、成本低、电流相对恒定等优点，也常应用于 LED 的驱动电路中。

如图 2-3 所示为一个实际的采用电容降压的 LED 驱动电路。大部分应用电路中没有连接压敏电阻或瞬变电压抑制晶体管，建议在实际应用时连接上，因压敏电阻或瞬变电压抑制晶体管能在电压突变瞬间（如雷电、大用电设备启动等）有效地将突变电流泄放，从而保护二极管和其他晶体管，它们的响应时间一般在微毫秒级。

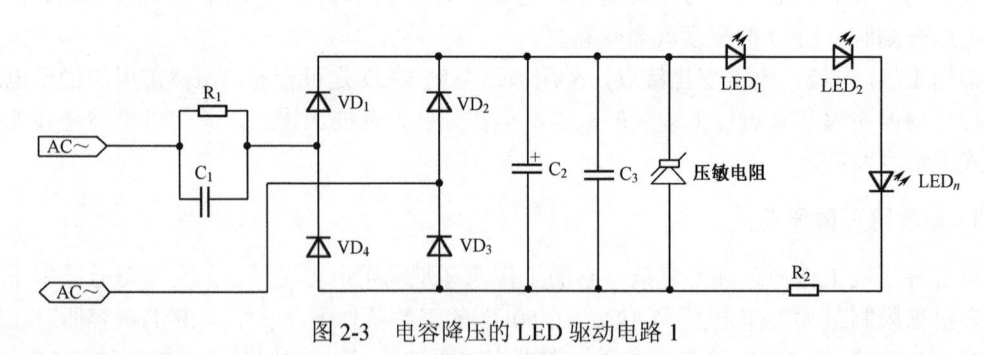

图 2-3 电容降压的 LED 驱动电路 1

电路工作原理：

电容 C_1 的作用为降压和限流。我们知道，电容的特性是通交流、隔直流，当电容连接于交流电路中时，其容抗计算公式为

$$X_C = 1/2\pi fC$$

式中，X_C 表示电容的容抗；f 表示输入交流电源的频率；C 表示降压电容的容量。

流过电容降压电路的电流计算公式为

$$I = U/X_C$$

式中，I 表示流过电容的电流；U 表示电源电压；X_C 表示电容的容抗。

在 220V、50Hz 的交流电路中，当负载电压远远小于 220V 时，电流与电容的关系式为

$$I = 69C$$

式中，电容的单位为 μF，电流的单位为 mA。

如表 2-2 所示为在 220V、50Hz 的交流电路中，理论电流与实际测量电流的比较。

表 2-2　理论电流与实际测量电流

电容（μF）		0.047	0.1	0.22	0.47	1	2.2	4.7
电流（mA）	理论值	3.2	6.9	15.2	32.4	69	152	324
	实测值	3.3	7.0	15	32.5	70	152	325

电阻 R_1 为泄放电阻，其作用为：当正弦波在最大峰值时刻被切断时，电容 C_1 上的残存电荷无法释放，会长久存在，在维修时如果人体接触到 C_1 的金属部分，那么就有强烈的触电可能，而电阻 R_1 的存在，能将残存的电荷泄放掉，从而保证人、机安全。泄放电阻的阻值与电容的大小有关，一般电容的容量越大，残存的电荷就越多，泄放电阻的阻值就要选小些。经验数据如下表 2-3 所示，供设计时参考。

表 2-3　泄放电阻的阻值与电容关系

C_1 取值（μF）	0.47	0.68	1	1.5	2
R_1 取值（Ω）	1M	750k	510k	360k	200～300k

$VD_1 \sim VD_4$ 的作用是整流，即将交流电整流为脉动直流电压。

C_2、C_3 的作用为滤波，即将整流后的脉动直流电压滤波成平稳直流电压。

压敏电阻（或瞬变电压抑制晶体管）的作用是将输入电源中瞬间的脉冲高压电压对地泄放掉，从而保护 LED 不被瞬间高压击穿。

LED 串联的数量视其正向导通电压（U_F）而定，在 220V 的 AC 电路中，最多可以达到 80 个左右。

电容的耐压一般要求大于输入电源电压的峰值，在 220V、50Hz 的交流电路中时，可以选择耐压为 400V 以上的涤纶电容或纸介质电容。$VD_1 \sim VD_4$ 可以选择 1N4007。滤波电容 C_2、C_3 的耐压根据负载电压而定，一般为负载电压的 1.2 倍。其电容容量视负载电流的大小而定。

图 2-4、图 2-5 所示为其他形式的电容降压驱动电路，供设计时参考。

在图 2-4 所示的电路中，可控硅 SCR 及 R_3 组成保护电路，当流过 LED 的电流大于设定值时，SCR 导通一定的角度，从而对电路电流进行分流，使 LED 工作于恒流状态，避免 LED 因瞬间高压而损坏。

在图 2-5 所示的电路中，C_1、R_1、压敏电阻、L_1、R_2 组成电源初级滤波电路，能将输入瞬间高压滤除，C_2、R_3 组成降压电路，C_3、C_4、L_2 及压敏电阻组成整流后的滤波电路。此电路采用双重滤波电路，能有效地保护 LED 不被瞬间高压击穿损坏。

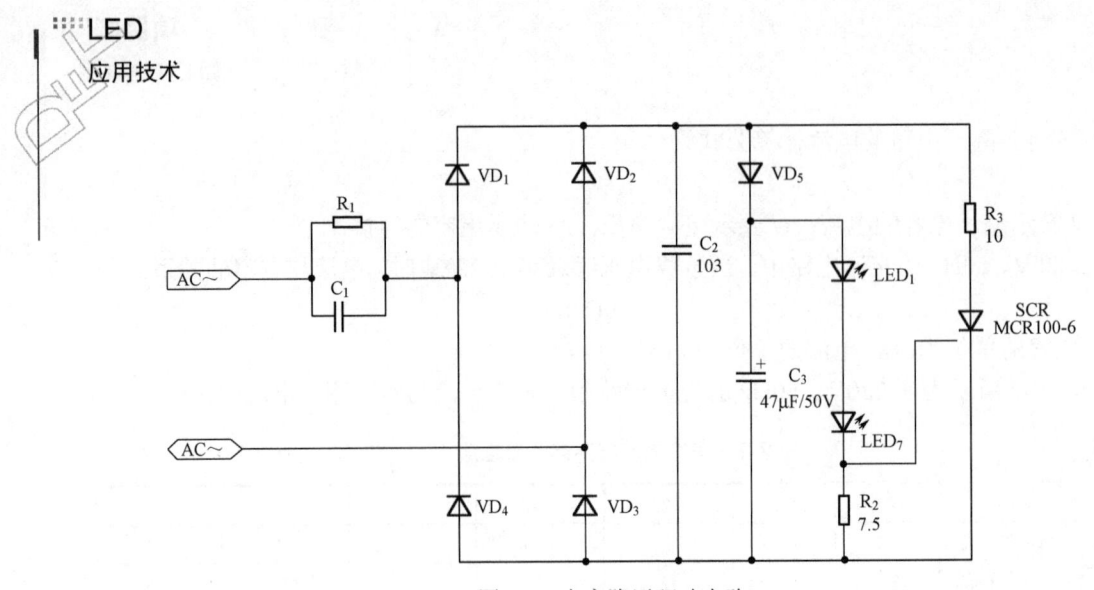

图 2-4 电容降压驱动电路 2

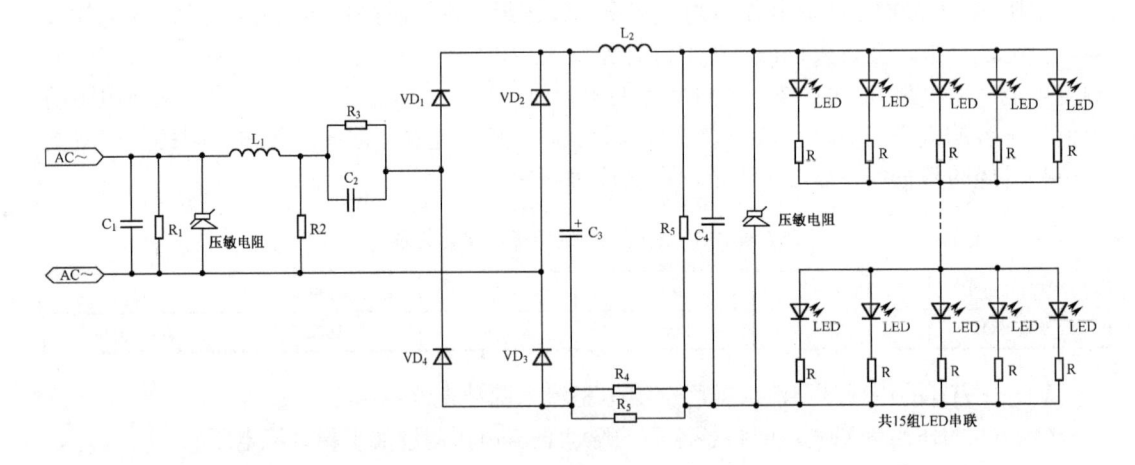

图 2-5 电容降压驱动电路 3

图 2-6 所示的是一个最简单的电容降压应用电路，电路中利用两只反向并联的 LED 对降压后的交流电压进行整流，可以广泛应用于夜光灯、按钮指示灯和要求不高的位置指示灯等场合。

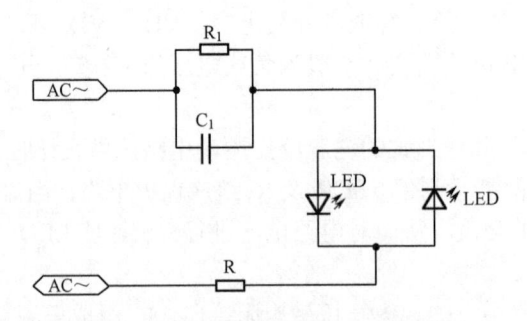

图 2-6 简单的电容降压应用电路

三、LED 的连接形式

要考虑选用什么样的 LED 驱动器,以及 LED 作为负载采用的串、并联方式,合理的配合设计,才能保证 LED 正常工作。

1. LED 采用全部串联方式

如图 2-7(a)所示,要求 LED 驱动器输出较高的电压。当 LED 的一致性差别较大时,分配在不同的 LED 两端电压不同,通过每个 LED 的电流相同,LED 的亮度一致。

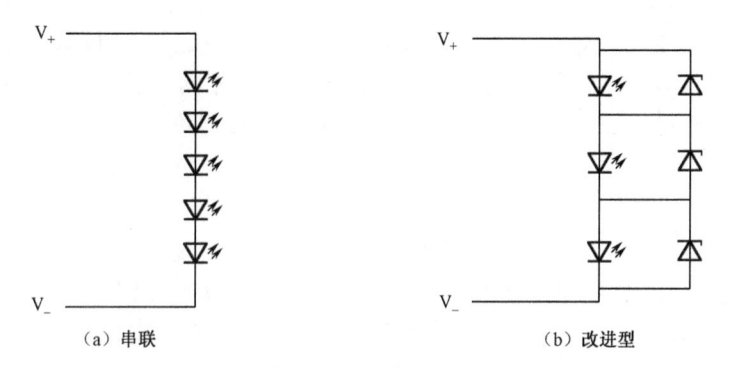

(a)串联　　　　　　　　(b)改进型

图 2-7　串联方式

当某个 LED 品质不良短路时,如果采用稳压式驱动(如常用的阻容降压方式),由于驱动器输出电压不变,那么分配在剩余的 LED 两端电压将升高,驱动器输出电流将增大,容易导致损坏其余所有的 LED。如采用恒流式 LED 驱动,当某个 LED 品质不良短路时,由于驱动器输出电流保持不变,不影响余下所有 LED 正常工作。当某个 LED 品质不良断开后,串联在一起的 LED 将全部不亮。解决的办法是在每个 LED 两端并联一个齐纳管,如图 2-7(b)所示,当然齐纳管的导通电压需要比 LED 的导通电压高,否则 LED 就不亮了。

2. LED 采用全部并联方式

如图 2-8 所示,要求 LED 驱动器输出较大的电流,负载电压较低。分配在所有 LED 两端电压相同,当 LED 的一致性差别较大时,通过每个 LED 的电流不一致,LED 的亮度也不同。可挑选一致性较好的 LED,适用于电源电压较低的产品(如太阳能或电池供电)。

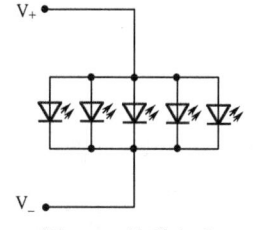

图 2-8　并联方式

当某个 LED 品质不良断开时,如果采用稳压式 LED 驱动(如稳压式开关电源),驱动器输出电流将减小,而不影响余下所有 LED 的正常工作。如果是采用恒流式 LED 驱动,由于驱动器输出电流保持不变,分配在其余 LED 的电流将增大,容易损坏所有 LED。解决办法是尽量多并联 LED,当断开某个 LED 时,分配在其余 LED 的电流不大,不至于影响其余 LED 的正常工作。所以功率型 LED 做并联负载时,不宜选用恒流式驱动器。

当某个 LED 品质不良短路时，那么所有的 LED 将不亮，但如果并联 LED 的数量较多，那么通过短路的 LED 电流较大，足以将短路的 LED 烧成断路。

3. LED 采用混联方式

在需要使用比较多 LED 的产品中，如果将所有 LED 串联，那么就需要 LED 驱动器输出较高的电压。如果将所有 LED 并联，则需要 LED 驱动器输出较大的电流。将所有 LED 串联或并联，不但限制着 LED 的使用量，而且并联 LED 负载电流较大，驱动器的成本也会大增。解决办法是采用混联方式。

如图 2-9 所示，串并联的 LED 数量平均分配，分配在一串 LED 上的电压相同，通过同一串每个 LED 上的电流也基本相同，LED 亮度一致。同时通过每串 LED 的电流也相近。

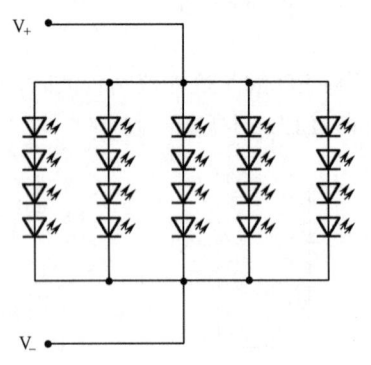

图 2-9 混联方式

当某一串联 LED 上有一个品质不良短路时，不管采用稳压式驱动还是恒流式驱动，这串 LED 相当于少了一个 LED，通过这串 LED 的电流将大增，很容易就会损坏这串 LED。大电流通过损坏的这串 LED 后，由于通过的电流较大，多表现为断路。断开一串 LED 后，如果采用稳压式驱动，驱动器输出电流将减小，而不影响其余所有 LED 的正常工作。

如果是采用恒流式 LED 驱动，那么由于驱动器输出电流保持不变，分配在余下 LED 的电流将增大，导致容易损坏所有 LED。解决办法是尽量多并联 LED，当断开某一个 LED 时，分配在余下 LED 的电流不大，不至于影响其余 LED 的正常工作。

混联方式还有另一种接法，即将 LED 平均分配后，分组并联，再将每组串联在一起，当有一个 LED 品质不良短路时，不管采用稳压式驱动还是恒流式驱动，并联在这一路的 LED 将全部不亮。如果是采用恒流式 LED 驱动，由于驱动器输出电流保持不变，那么除了并联在短路 LED 的这一并联支路外，其余的 LED 正常工作。假设并联的 LED 数量较多，驱动器的驱动电流较大，通过这颗短路的 LED 电流将增大，大电流通过这个短路的 LED 后，很容易就变成断路。由于并联的 LED 较多，断开一个 LED 的这一并联支路平均分配电流不大，依然可以正常工作，那么整个 LED 灯仅有一个 LED 不亮。

如果采用稳压式驱动，LED 品质不良短路瞬间，负载相当少并联 LED 一路，加在其余 LED 上的电压将增高，驱动器输出电流将大增，极有可能立刻损坏所有的 LED，幸运的话，只将这个短路的 LED 烧成断路，驱动器输出电流将恢复正常，由于并联的 LED 较多，断开一个 LED 的这一并联支路平均分配电流不大，依然可以正常工作，那么整个 LED 灯也仅有一个 LED 不亮。

通过对以上分析可知，驱动器与负载 LED 串并联方式搭配选择是非常重要的，恒流式驱动功率型 LED 是比较适合串联负载的，同样，稳压式 LED 驱动器不太适合选用串联负载。

4. 不同连接方式的比较

不同的连接方式具有各自不同的特点，并且对驱动器的要求也不相同，特别是在单个

LED 发生故障时电路工作的情况、整体发光的可靠性、保证整体 LED 尽量能够继续工作的能力、减少总体 LED 的失效率等就显得尤为重要。表 2-4 给出了不同连接方式的比较。

表 2-4　不同连接方式的比较

联接形式		优点	缺点	应用场合
串联	简单串联	电路简单，连接方便；LED 的电流相同，亮度一致	可靠性不高，驱动器输出电压高，不利于其设计和制造	LCD 的背光光源、工频 LED 交流指示灯、应急灯照明
	带旁路串联	电路较简单，可靠性较高；保证 LED 的电流相同，发光亮度一致	元器件数量增加，体积加大；驱动器输出电压高，设计和制造困难	
并联	简单并联	电路简单，连接方便；驱动电压低	可靠性较高，要考虑 LED 的均流问题	手机等 LCD 显示屏的背光源、LED 手电筒、低压应急照明灯
	独立匹配并联	可靠性高，适用性强，驱动效果好。单个 LED 保护完善	电路复杂，技术要求高，占用体积大，不适用于 LED 数量多的场合	
混联	先并联后串联	可靠性较高，驱动器设计制造方便，总体效率较高，适用范围较广	电路连接较为复杂，并联的单个 LED 或 LED 串之间需要解决均流问题	LED 平面照明、大面积 LCD 背光源、LED 装饰照明灯、交通信号灯、汽车指示灯、局部照明
	先串联后并联			
	交叉阵列	可靠性高，总体的效率较高，应用范围较广	驱动器设计制造较复杂，每组并联的 LED 需要均流	

总之，LED 的群体应用是 LED 实际应用的重要方式，不同的 LED 连接形式对于大范围 LED 的使用和驱动电路的设计要求等都至关重要。因此，在实际电路的组合中，正确选择与之相适应的 LED 连接方式，对于提高其发光的效果、工作的可靠性、驱动器实际制造的方便程度及整个电路的效率等都具有积极的意义。

四、设计驱动电路 PCB

1. PCB 基础

PCB 是英文（Printed Circuie Board）印制电路板的简称。通常把在绝缘材料上按预定设计，制成印制线路、印制元件或两者组合的导电图形称为印制电路。而在绝缘基材上提供元器件之间电气连接的导电图形，称为印制线路。这样，就把印制电路或印制线路的成品板称为印制线路板，亦称为印制板或印制电路板。

我们所能见到的电子设备几乎都离不开 PCB，小到电子手表、光电设备、计算器，大到计算机、通信电子设备、航空、航天、军用武器系统，只要有集成电路等电子元器件，它们之间电气互联都要用到 PCB。PCB 提供集成电路等各种电子元器件固定装配的机械支撑、实现集成电路等各种电子元器件之间的布线和电气连接或电绝缘、提供所要求的电气特性，如特性阻抗等。同时为自动锡焊提供阻焊图形，为元器件插装、检查、维修提供识别字符标记图形。

PCB 上的元器件安装技术分为两种，一种是插入安装技术，即将元器件安置在板子的一面，引脚焊在另一面上，这种技术称为"插入式技术（Through Hole Technology，THT）"。另外一种是表面安装技术（Surface Mounted Technology，SMT），使用表面安装技术的元器件引脚焊在与元器件同一面上。这种安装技术避免了 THT 中需要在 PCB 上为每个引脚钻洞的麻烦。另外，表面安装的元器件可以在 PCB 的两面同时安装，这也大大提高了 PCB 面积的利用率。

在本项目中将制作的 LED 台灯由于结构简单，因此在 PCB 驱动电路板的设计中使用插入安装技术，且使用单层电路板即可。

2. 恒压源驱动 LED 台灯 PCB 的设计流程

在 PCB 的设计中，正式布线前还要经过很多的步骤，以下就是设计一个恒压源驱动 LED 台灯 PCB 的主要流程。

（1）系统规划

首先，先规划出恒压源驱动 LED 台灯的各项系统规格。包含了系统功能、成本限制、大小、运作情形等。本项目实现的是 LED 照明功能。

（2）制作系统功能区块图

制作系统的功能区块图时，区块间的关系也必须要标示出来。按功能不同分割 PCB 就是将系统分割成数个 PCB，不仅在尺寸上可以缩小，而且还可以让系统具有升级与交换元器件的能力。系统功能区块图为我们提供了分割的依据。如对 PC 而言，就可以分成主板、显卡、声卡、软盘和电源供应器等。而本项目恒压源驱动 LED 台灯中，由于电路较简单，可以不必分割，用一张 PCB 就可以实现要求。

（3）设定板型、尺寸

当各 PCB 使用的技术和电路数量都确定好了，下面就是要确定板子的大小了。如果设计得过大，那么封装技术就要改变，或是重新做分割的动作。在选择技术时，也要将线路图的质量与速度都考虑进去。由于 LED 台灯元件较少，故板型可以设计得小一些。

（4）绘出 PCB 的电路原理图

电路原理图中要表示出各元器件间的相互连接细节。系统中各个元件的位置都必须要标出来，该项目中作者使用的是 ProtelDXP 2004 设计电路图。

复习思考题

1. LED 驱动器按照驱动方式可以分为几类？
2. LED 电容降压的原理是什么？
3. LED 的连接方式有哪几种？
4. 开发一个 LED 台灯的驱动电路板的流程是什么？

任务二　LED 台灯的制作

LED 光源作为新型节能光源，从诞生之时就被用做各类灯具的发光光源。作为光源的白炽灯其发光效率只有 5%，而 LED 光源的发光效率几乎接近 90%。LED 照明以其高节能、长寿命、利环保的特点成为广为关注的焦点。台灯是家家户户都在使用的普通灯具，这几年高亮度的 LED 光源因其制造技术突飞猛进，而其生产成本又节节下降。如今，台灯得以使用 LED 光源作为高亮度、高效率而又省电、无碳排放的照明光源。

一、LED 台灯概述

目前，市场上的台灯按其种类可分为三种：普通的白炽台灯，卤素台灯，荧光台灯。采用普通的白炽灯泡或卤素灯的台灯，优点是价廉、发光的连续性能好，但耗能多，尤其夏天会使人感到热。由于灯丝发光较集中，如果其功率稍大就会产生眩光，如果其功率稍小，又会造成照明度不够，且频闪问题严重。普通荧光灯的台灯，因荧光管发光面较大，从而被照射面采光较均匀，被照射物后影形较小，对眼睛的干扰小。但它的显色指数低，且其频闪效应容易使眼睛疲劳。至于结束寿命的含汞灯，不应该将它随便废弃和破碎，应集中处理以回收有害物质。这一点国外有些国家已有立法。

LED 台灯具有以下优点：
① 是照明领域的一次空前革命。
② 采用特殊工艺，高光效、低衰减。
③ 直流供电，无频闪，无电磁辐射。
④ 绿色环保，高效节能。
⑤ 固体光源，抗机械振动。
⑥ 寿命长，是传统光源的几十倍。
⑦ 光源方向性好，按需照明。
⑧ 照度充足，满足所需照明需求。

LED 光源工作的主要参数是 U_F、I_F，其他相关的是颜色、色温、波长、亮度、发光角度、效率、功耗等。LED 是一个 PN 结二极管，只有施加足够的正向电压才能传导电流，U_F 正向电压为 LED 发光建立一个正常的工作状态，I_F 正向电流促使 LED 发光，发光亮度与流过的电流成正比。白光 LED U_F 标称电压为 3.4V±0.2V。

遵循安全第一的民用电器的设计理念，LED 光源是一种低电压直流发光器件，不能用 100~220V 的交流电直接点亮，因此，LED 台灯方案的设计思路是，首先要将高压的交流电变换成低压直流电，才能点亮 LED 光源。使用最经济有效的方法降压和进行交直流变换是设计的首要考虑，现今便携式电子产品使用交流电源的交直流降压变换器——适配器 (Adapter) 就成了既经济实惠，又现成、好用的首选。适配器的输出电压要求稳定在 DC 12V，输出电流要根据 LED 光源的功率来选择，一般要给出 30%的余量，以 3×1W 的白光 LED

光源为例，1W 的白光 LED 的标准工作电流应为 350mA，因此 3 个 LED 光源串联其电路需要的电流也是 350mA，考虑到延长 LED 寿命和降低光衰，可以设计为 300～330mA，不会明显地影响 LED 发光的亮度，所以适配器的输出电流应选 750mA～1A。

下面就采用任务一中的恒压源驱动电路实际制作一个 LED 台灯。

二、焊接知识与焊接技巧

电子电路的焊接、组装与调试在电子工程技术中占有重要位置。任何一个电子产品都是经过设计—焊接—组装—调试过程完成的，而焊接是保证电子产品质量和可靠性的最基本环节，调试则是保证电子产品正常工作的最关键环节。

1. 焊接知识

所谓焊接即是利用液态的"焊锡"与基材接合而达到两种金属化学键合的效果。

（1）特点

与胶合不同，焊接是焊锡分子穿入基材表层金属的分子结构而形成坚固的完全金属结构，当焊锡熔解时不可能完全从金属表面上把它擦掉，因为它已变成基层金属的一部分。而胶合则是一种表面现象，可以从原来的表面上擦掉。

（2）关于润湿的理解

水滴在一块涂有油脂的金属薄板上，形成水滴一擦即掉，这表示水未润湿或黏在金属薄板上，如果金属基材表面清洁并干燥，那么当其接触水后则水扩散至金属薄板表面而形成薄面均匀膜层，怎么摇也不会掉，这表示水已经润湿此金属板。

（3）润湿的前提

几乎所有的金属暴露在空气中时都会立刻氧化，这将防碍金属表面的焊锡润湿作用，所以必须先清洁焊锡面后再进行焊接作业。

（4）锡的表面张力

焊锡湿度会影响表面张力，即温度越高表面张力越小，焊锡表面和铜板之间的角度，称为润湿角度，它是所有焊点检验的基础。

2. 焊接技巧

（1）焊接操作姿势与卫生

为了人体安全一般烙铁离开鼻子的距离通常以 30cm 为宜。电烙铁拿法有三种，如图 2-10 所示。反握法动作稳定，长时间操作不易疲劳，适合于大功率烙铁的操作。正握法适合于中等功率烙铁或带弯头电烙铁的操作。一般在工作台上焊印制板等焊件时，多采用握笔法。

焊锡丝一般有两种拿法，如图 2-11 所示是焊锡丝的基本拿法。焊接时，一般左手拿焊锡丝，右手拿电烙铁。进行连续焊接时采用图 2-11（a）所示的拿法，这种拿法可以连续向前送焊锡丝。图 2-11（b）所示的拿法在只焊接几个焊点或断续焊接时适用，不适合连续焊接。

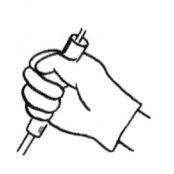

项目二
认知 LED 照明

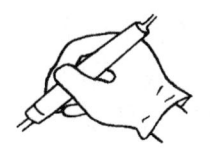

(a) 反握法　　(b) 正握法　　(c) 握笔法

图 2-10　电烙铁的握法

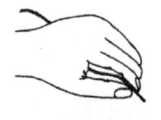

(a) 连续焊接时　　(b) 只焊接几个焊点或断续焊接时

图 2-11　焊锡丝的基本拿法

（2）焊接温度与加热时间

合适的温度对形成良好的焊点很关键。同样的烙铁，加热不同热容量的焊件时，要想达到同样的焊接温度，可以通过控制加热时间来实现。若加热时间不足，形成夹渣（松香）、虚焊。此外，有些元器件也不允许长期加热，否则除可能造成元器件损坏外，还有以下危害和外部特征。

焊点外观变差，烙铁撤离时容易造成拉尖，同时出现焊点表面粗糙无光，焊点发白。另外，焊接时所加松香焊剂在温度较高时容易分解碳化（一般松香210℃开始分解），失去助焊剂作用，而且夹到焊点中造成焊接缺陷。过多的受热会破坏印制板黏合层，导致印制板上铜箔的剥离。

（3）焊接步骤

① 五步焊接法

对于热容量大的工件，要严格按五步操作法进行焊接。五步焊接法如图 2-12 所示。

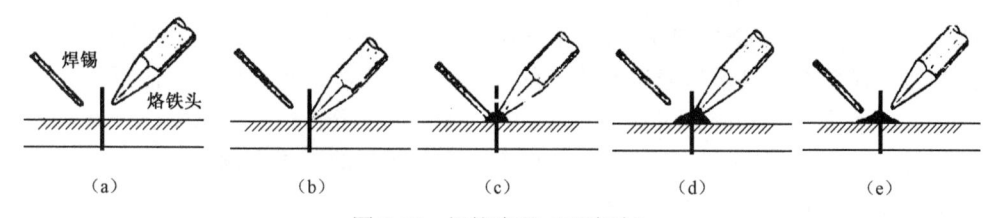

(a)　(b)　(c)　(d)　(e)

图 2-12　焊接步骤（五步法）

焊接的基本步骤说明。

a. 准备　烙铁头和焊锡靠近被焊工件并认准位置，处于随时可以焊接的状态，如图 2-12（a）所示。

b. 放上烙铁　将烙铁头放在工件上进行加热，注意加热方法要正确，如图 2-12（b）所示。这样可以保证焊接工件和焊盘被充分加热。

c. 熔化焊锡　将焊锡丝放在工件上，熔化适量的焊锡，如图 2-12（c）所示。在送焊锡过程中，可以先将焊锡接触烙铁头，然后移动焊锡至与烙铁头相对的位置，这样做有利于焊锡的熔化和热量的传导。此时注意焊锡一定要润湿被焊工件表面和整个焊盘。

49

d. 拿开焊锡丝　待焊锡充满焊盘后，迅速拿开焊锡丝，如图 2-12（d）所示。此时注意熔化的焊锡要充满整个焊盘，并均匀地包围元件的引线，待焊锡用量达到要求后，应立即将焊锡丝沿着元件引线的方向向上提起焊锡。

e. 拿开烙铁　焊锡的扩展范围达到要求后，拿开烙铁，注意撤烙铁的速度要快，撤离方向要沿着元件引线的方向向上提起。如图 2-12（e）所示。

② 三步焊接法

对热容量小的工件，可以按三步操作法进行，这样做可以加快节奏。

a. 准备　烙铁头和焊锡靠近被焊工件并认准位置，处于随时可以焊接的状态，如图 2-12（a）所示。

b. 放上烙铁和焊锡丝　同时放上烙铁和焊锡丝，熔化适量的焊锡，如图 2-12（c）所示。

c. 拿开烙铁和焊锡丝　当焊锡的扩展范围达到要求后，拿开烙铁和焊锡丝。这时注意拿开焊锡丝的时间不得迟于烙铁的撤离，如图 2-12（e）所示。

(4) 焊点合格的标准

① 焊点有足够的机械强度　为保证被焊件在受到振动或冲击时不至脱落、松动，因此要求焊点要有足够的机械强度。一般可采用把被焊元器件的引脚打弯后再焊接的方法。

② 焊接可靠，保证导电性能　焊点应具有良好的导电性能，必须要焊接可靠，防止出现虚焊。

③ 焊点表面整齐、美观　焊点的外观应光滑、圆润、清洁、均匀、对称、整齐、美观、充满整个焊盘并与焊盘大小比例合适。

满足上述三个条件的焊点，才算是合格的焊点。如图 2-13 所示为几种合格焊点的形状。

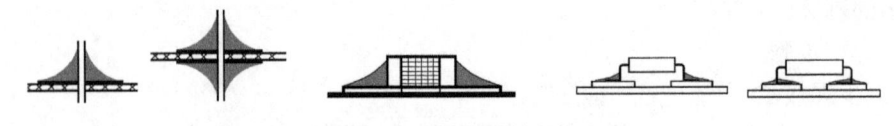

图 2-13　合格焊点的形状

判断焊点是否符合标准，应从以下几个方面考虑。

a. 焊锡充满整个焊盘，形成对称的焊角。如果是双面板，焊锡还要充满过孔。

b. 焊点外观光滑、圆润、对称于元件引线，无针孔、无沙眼、无气孔。

c. 焊点干净，见不到焊剂的残渣，在焊点表面应有薄薄一层焊剂。

d. 焊点上没有拉尖、裂纹和夹杂。

e. 焊点上的焊锡要适量，焊点的大小要和焊盘相适应，如图 2-14 所示。

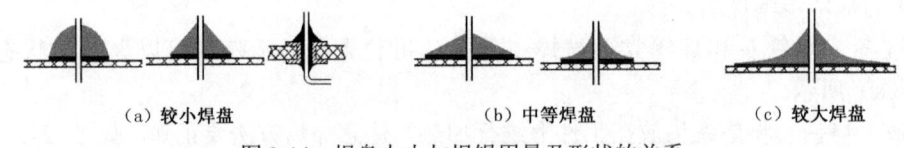

（a）较小焊盘　　　　（b）中等焊盘　　　　（c）较大焊盘

图 2-14　焊盘大小与焊锡用量及形状的关系

f. 同一尺寸的焊盘，其焊点大小、形状要均匀、一致。焊接结束后，一般要做剪线和清洗处理。

g. 剪去多余引线，注意不要对焊点施加剪切力以外的其他力。

h. 检查印制板上所有元器件引线焊点，修补缺陷。

i. 根据工艺要求选择清洗液清洗印制板。一般情况下，使用松香焊剂后印制板不用清洗。

（5）焊接的基本原则

从前面焊接缺陷产生原因的分析中可知，若要提高焊接质量应遵循如下原则。

① 清洁待焊工件表面　对被焊工件表面应首先检查其可焊性，若可焊性差，则应先进行清洗处理和搪锡。

② 选用适当工具　电烙铁和烙铁头应根据焊物的不同，选用不同的规格。如焊印制电路板及细小焊点，则可选用 20W 的内热式恒温电烙铁；若焊底板及大地线等，则需用 100W 以上的外热式或 75W 以上的内热式电烙铁。保持烙铁头的清洁。

③ 采用正确的加热方法　应该根据焊件的形状选用不同的烙铁头或自己修整烙铁头，使烙铁头与焊接工件形成接触面，同时要保持烙铁头上挂有适量焊锡，使工件受热均匀。

④ 选用合格的焊料　焊料一般选用低熔点的铅锡焊锡丝，因其本身带有一定量的焊剂，焊接时已足够使用，故不必再使用其他焊剂。在焊接过程中必须注意焊锡用量，不能太多也不能太少。

⑤ 选择适当的助焊剂　焊接不同的材料要选用不同的焊剂，即使是同种材料，当采用焊接工艺不同时也往往要用不同的焊剂。在焊接过程中，还必须注意焊剂用量，过多会造成污染，过少则焊锡的流动性变差都不利于焊接。

⑥ 保持合适的温度　焊接温度是由烙铁头的温度决定的，焊接时要保持烙铁头在合理的温度范围，一般经验是烙铁头温度比焊料熔化温度高 50℃ 较为适宜。一般烙铁头的温度控制在使焊剂熔化较快又不冒烟时的温度，一般在 230～350℃ 之间。

⑦ 控制好加热时间　焊接的整个过程从加热被焊工件到焊锡熔化并形成焊点，一般在几秒之内完成。对印制电路的焊接，时间一般以 2～3s 为宜。在保证焊料润湿焊件的前提下，时间越短越好。

⑧ 工件的固定　焊点形成并撤离烙铁头以后，焊点凝固过程中不要触动焊点。焊点上的焊料尚未完全凝固，此时即使有微小的振动也会使焊点变形，引起虚焊。

⑨ 使用必要辅助工具　对耐热性差、热容量小的元器件，应使用工具辅助散热。焊接前一定要处理好焊点，施焊时注意，还要适当采用辅助散热措施。在焊接过程可以用镊子、尖嘴钳子等夹住元件的引脚，以减少热量传递到元件，从而避免元件过热失效。加热时间一定要短。

（6）焊接的注意事项

焊接印制板，除遵循锡焊要领外，以下几点须特别注意。

一般焊接的顺序是：先小后大、先轻后重、先里后外、先低后高、先普通后特殊的次序。即先焊轻小型元器件和较难焊的元件，后焊大型和较笨重的元件。先焊分立元件，后焊集成块。对外连线要最后焊接。如元器件的焊装顺序依次是电阻器、电容器、二极管、三极管、集成电路、大功率管。

① 一般应选内热式 20～35W 230℃ 恒温烙铁，不超过 300℃ 的烙铁为宜。接地线应保证接触良好。烙铁头形状应根据印制板焊盘大小而定。

② 焊接时间在保证润湿的前提下，尽可能短，一般不超过3s。

③ 耐热性差的元器件应使用工具辅助散热。如微型开关、CMOS集成电路、瓷片电容、发光二极管、中频变压器（俗称中周）等元件。焊接前一定要处理好焊点，施焊时注意控制加热时间，焊接一定要快。还要适当采用辅助散热措施，以避免过热失效。

④ 如果元件的引脚是镀金处理的，或是刚出厂的元件，其引线没有被氧化，这样的元件可以直接焊接，不需要对元器件的引线做处理。

⑤ 焊接时不要用烙铁头摩擦焊盘。

⑥ 集成电路若不使用插座，可直接焊到印制板上，安全焊接顺序为：地端—输出端—电源端—输入端。

⑦ 焊接时应防止邻近元器件、印制板等受到过热影响，对热敏元器件要采取必要的散热措施。

⑧ 焊接时绝缘材料不允许出现烫伤、烧焦、变形、裂痕等现象，而轻微变色是允许的。

⑨ 在焊料冷却和凝固前，被焊部位必须可靠固定，不允许摆动和抖动，焊点应待其自然冷却，必要时可采用散热措施以加快冷却。

⑩ 焊接完毕，必须及时对板面进行彻底清洗，以便去除残留的焊剂、油污和灰尘等脏物。

技能训练一　制作一个LED台灯

1. 实训目的

（1）熟悉LED台灯驱动电路的设计与制作。
（2）掌握基本的焊接手法，并能完成LED台灯驱动电路板的焊接组装。
（3）能完成一个LED台灯的组装。

2. 实训器材

按表2-5准备实训器材。

表2-5　实训器材

序号	名　称	型号与规格	数　量
1	电烙铁	35W	1
2	其他焊接工具	焊锡丝、烙铁架等	适量
3	万用表	FM—30或其他数字表	1
4	二极管	1N4007	4
5	电阻	1kΩ	1
6	电阻	150kΩ	1
7	电阻（大功率）	2Ω	1
8	电阻（大功率）	5.1Ω	1
9	涤纶电容	2.2μF，400V	1

项目二
认知 LED 照明

续表

序号	名 称	型号与规格	数 量
10	红色发光二极管	普通	1
11	按钮开关	小型	1
12	高亮度发光二极管	白光	30
13	多股细导线	黑、红、蓝	各 1m
14	电池	1.5V 可充电电池	2

3. 实训内容与步骤

（1）LED 驱动电路板的制作

驱动电路图如图 2-15 所示。

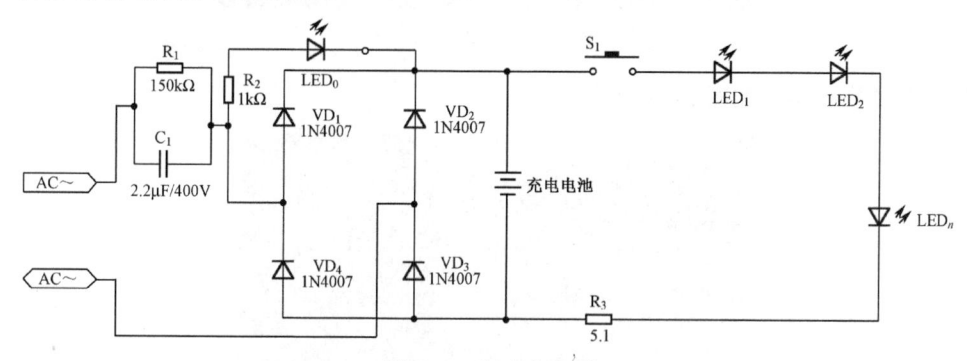

图 2-15 驱动电路图

PCB 图如图 2-16 所示。

图 2-16 PCB 图

（2）焊接流程

按照上文中介绍的方法进行焊接操作，结果如图 2-17 所示。

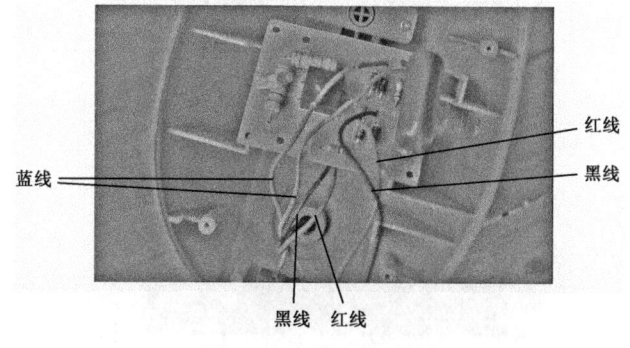

图 2-17 焊接后示意图

图中，两根蓝线为交流电源线，靠左方的一组红线和黑线作用是向 LED 灯头供电，靠右方的一组红线和黑线是向充电电池供电的导线。

（3）组装灯具

其中，LED 灯头如图 2-18 所示。

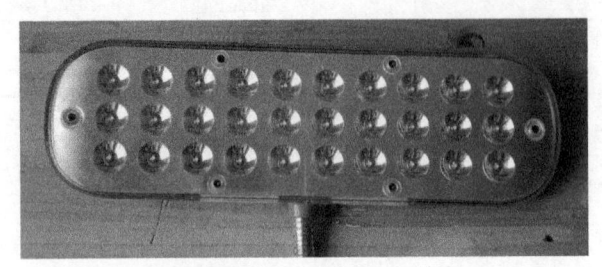

图 2-18　LED 灯头

组装后的完整结构如图 2-19 所示。

图 2-19　组装后的完整结构

外观图如图 2-20 所示。

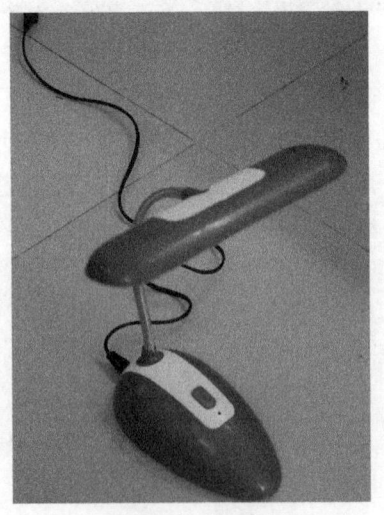

图 2-20　外观图

4. 注意事项

（1）该项目的灯头也可自行制作，如图 2-21 所示，制作方法可按照上文所介绍的混联方式，以亮度适中为宜。

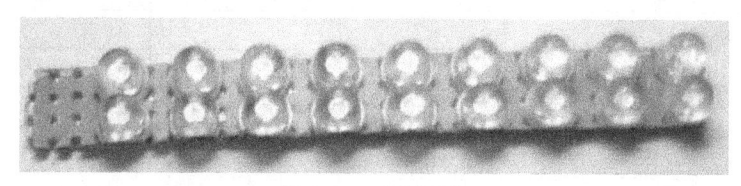

图 2-21　自制灯头

（2）涤纶电容耐压要高，耐压值最少选择 400V，而且要注意散热。

（3）正确焊接，避免出现漏焊、虚焊、错焊等问题，并在组装之前注意检查是否有裸露的线头，避免出现短路。

（4）该 LED 台灯采用蓄电池和交流电两种方式供电，也可根据实际情况任选其中一种。

5. 问题讨论

（1）实训中的驱动电路采用的是什么形式？

（2）点亮 LED 需要的是直流电还是交流电，在这个实训中是如何实现转换的？

（3）定性地分析这种电路的优缺点。

应用提示

恒压式驱动电路虽然方式简单，价格低廉，但也存在效率低，稳定电压能力差，而且 LED 的亮度无法达到最佳等缺点。尤其是采用阻容降压方式驱动的 LED 电路，LED 的亮度不稳定，当供电电源电压降低时，LED 的亮度变暗，供电电源电压升高时，LED 的亮度就会变亮。

技能训练二　LED 台灯和传统灯具的性能比较

1. 实训目的

（1）熟悉 LED 台灯的驱动方式。

（2）熟悉各种传统台灯的优点与缺点。

（3）能对两者进行比较，得出结论。

2. 实训器材

按表 2-6 所示准备实训器材。

表 2-6 实训器材

序号	名　　称	型号与规格	数　　量
1	LED 台灯	3W	1
2	荧光台灯	11W	1
3	卤素台灯	40W	1

3. 实训内容和步骤

(1) 了解如表 2-7 所示的 LED 台灯和传统灯具的区别。

表 2-7　LED 台灯和传统灯具区别

比较项目	LED 台灯	荧光灯台/卤素台灯
效率	光电转换率高，比传统光源省电 80%。寿命长、光效高、免维护，具有可观的经济性与社会效益	光源电能大部分变成热能，造成能源浪费；传统光源寿命短、维护量大，人工费及材料费增加，使用成本大大提高
安全	光源工作温度 60℃左右，工作电流为 mA 级，不产生火花。灯具温度低，不会引燃易爆气体，没有安全隐患。灯具温度低，玻璃不易结垢雾化，不降低照明效果，不易遇水破裂掉落伤人。光效高、功率小，特定场合可改装成 36V 安全电压	白炽灯和卤素灯等传统光源工作温度为 300℃以上，工作电流较大，线路老化后容易产生火花，灯具表面温度高，存在引燃易爆气体的隐患，灯具玻璃易结垢雾化，降低照明效果，高温工作易遇水破碎，掉落伤人，功率大，电流大，电压为 220V，存在安全隐患
稳定	输入电压范围宽：AC 90～270V，适应性好，光源亮度恒定，恒压恒流输出，不随电压波动而忽明忽暗，点亮无延时现象，频繁开关对灯具寿命无影响，无频闪减轻了视觉疲劳	电压适应性较差，亮度随电压波动而变化，稳定性较差，开关时光源容易受电流冲击而损坏，开关影响光源寿命，点亮时响应性差有延时现象，且频闪容易造成视觉疲劳
环保	不含汞等有害重金属，有利环保和可持续发展，属于绿色照明产品	多数含有不可回收的污染物质，对环境有害不适合长期使用
维护	光源设计工作寿命 5 万小时，大大高于传统光源，适合长期照明的工作环境，抗震性好免维护，LED 属于固体光源无灯丝，适合在震荡环境中长期使用，灯具表面工作温度低，灯具玻璃不易损易坏	设计寿命白炽灯为 1000～4000h，在高温或震动环境中寿命更短，传统光源和镇流器在震荡环境中易损，维护量大安全隐患多，灯具表面温度高，灯具玻璃易损坏

(2) 观察三种灯具的外观结构，并进行拆卸，熟悉内部电路结构，画出原理图并分析驱动电路。填入表 2-8 中。

表2-8 原理图

比较项目	原理图
LED 台灯	
荧光台灯	
卤素台灯	

（3）检查无误后组装台灯，并通电测试。测量下列各项并填入表2-9中。

表2-9 测量值

序号	LED 台灯	荧光台灯	卤素台灯
亮度			
起始温度			
通电5min后的温度			
开关电源启动的时间			
改变电源电压带来影响			

4. 注意事项

（1）在拆卸、组装三种台灯时注意安全，断电作业，并按操作规范执行。

（2）测量温度时以人手距离灯头 1cm 为宜，切勿直接触摸，避免烫伤。

（3）改变电源电压时速度请勿改变得过快，匀速改变一定量值，即可达到效果。

5. 问题讨论

（1）三种灯具的驱动方式是否相同，哪种更为复杂？

（2）三种灯具的优缺点各是什么？

复习思考题

1. 是否所有的 LED 都需要驱动器，为什么？
2. 简述恒压式驱动电路的优缺点。
3. 五步焊接法指的是哪五步？
4. 试列出 LED 灯具与传统灯具的不同。

项目小结

1. LED 驱动器是指驱动 LED 发光或 LED 模块组件正常工作的电源调整电子器件。
2. LED 驱动器包括对输出功率效率、供电电源、功能等多方面的要求。
3. 常见 LED 的驱动方式包括恒压式、恒流式、开关电源式三种。
4. LED 的联接方式包括串联、并联和混联。
5. 电容降压的驱动电路简单方便，但存在着效率低，稳压能力差，亮度无法达到最佳等缺点。
6. 一个完整的 PCB 驱动电路设计流程包括系统规划、系统功能区块图、设定板型和尺寸、绘制电路原理图和绘制 PCB 电路图。
7. 焊制电路板时要注意按照焊接五步法操作。
8. LED 台灯与传统灯具在多个方面存在不同，包括安全、效率、稳定、环保、维护这五方面。

项目二　自我评价

	评 价 内 容	学习目标实现情况
知识目标	1. 了解 LED 驱动器的定义与分类	☆ ☆ ☆ ☆ ☆
	2. 熟悉 LED 的连接方式与要求	
	3. 了解电压驱动的典型电路	
技能目标	1. 掌握 PCB 驱动电路的设计流程	☆ ☆ ☆ ☆ ☆
	2. 熟练掌握焊接方法	
	3. 掌握基本 LED 照明电路的组装	

项目二

认知 LED 照明

续表

评 价 内 容		学习目标实现情况
学习态度	快乐与兴趣 方法与行为习惯 探索与实践 合作与交流	😊 😐 ☹
个人体会		

项目三　LED屏幕显示系统的组装与调试

> **项目描述**
>
> 从LED的光电特性入手分析恒流式驱动的优越性，进而介绍恒流源电路及其应用；从LED点阵显示屏的结构出发，分析LED点阵显示屏显示字符的原理；从LED点阵显示字符实训、LED显示屏的组装到LED显示屏的调试和演示操作，使操作技能得到进一步提高。

随着半导体的制造和加工工艺逐步成熟和完善，发光二极管已日趋在固体显示器中占据主导地位。LED显示屏是采用发光二极管为显示元件，以现代数字电子技术为基础发展起来的一种显示屏幕。LED屏幕显示之所以受到广泛重视并得到迅速发展，是因为它本身具有许多优点，如亮度高、色彩鲜艳、视角大、工作电压低、功耗小、易于集成、驱动简单、寿命长、耐冲击且性能稳定等，因而发展前景极为广阔。

任务一　恒流式驱动电路的制作

由于LED是特性敏感的半导体器件，又具有负温度特性，因而在应用过程中需要对其进行稳定工作状态和保护，从而也就产生了驱动的概念。LED器件对驱动电源的要求近乎苛刻，LED不像普通的白炽灯泡，可以直接连接220V的交流电。LED是3～4V的低电压驱动，必须要设计复杂的变换电路，且不同用途的LED，要配备不同的驱动电路。

一、恒流式驱动电路

1. LED驱动电源的特点及要求

LED电源与传统灯具的电源是完全不一样的，首先LED不能直接使用常规的电网电压，从LED的伏安特性可知，只能给LED两端加上一定的直流电压或通上一定的直流电流才能使LED发亮，LED驱动电源就是把交流电源转换为特定的电压电流以驱动LED发光的电压转换器。通常情况下，LED驱动电源的输入包括市电、低压直流、高压直流、低压高频交流等。而LED驱动电源的输出则大多数为可随LED正向压降值变化而改变电压的恒定电流源。

另外，在选择和设计LED驱动电源时还要考虑到以下几点要求。

（1）高可靠性

特别像LED路灯的驱动电源，装在高空，维修不方便，维修成本高。

（2）高效率

LED 是节能产品，驱动电源的效率要高，否则就无法凸显 LED 节能的特性。电源的效率高，它的耗损功率就小，在灯具内发热量也小，就降低了灯具的温升，有利于延缓 LED 的光衰。

（3）高功率因素

功率因素是电网对负载的要求，提高功率因素能使电源的利用率提高。

（4）驱动方式

对于恒流式的驱动电源，现在通行的有两种：一种是一个恒压源供多个恒流源，每个恒流源单独给每路 LED 供电；另一种是直接恒流供电，LED 串联或并联运行。

（5）浪涌保护

LED 抗浪涌的能力是比较差的，特别是抗反向电压能力。加强这方面的保护也很重要，因此 LED 驱动电源要有抑制浪涌的侵入，保护 LED 不被损坏的能力。

（6）保护功能

电源除了常规的保护功能外，有必要在恒流输出中增加 LED 温度负反馈，防止 LED 温度过高。

（7）防护方面

在户外安装的灯具，电源结构要防水、防潮，外壳要耐晒。

（8）驱动电源寿命要与 LED 寿命相匹配

（9）要符合安全规定和电磁兼容

2．LED 采用恒流源驱动的优点

（1）从 LED 的伏安特性分析

LED 的伏安特性和一般的二极管伏安特性非常相似，只不过通常曲线很陡。例如，一个 20mA 的小功率 LED 的伏安特性曲线如图 3-1 所示。

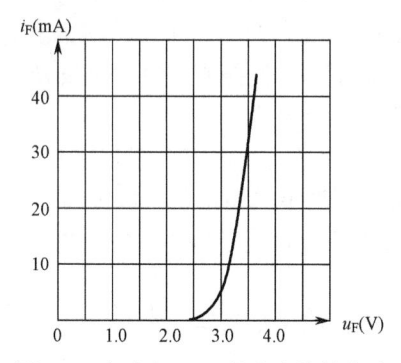

图 3-1 小功率 LED 的伏安特性曲线

从特性曲线可以看出，其工作电压为 3.3V，很小的电压变化就会引起很大的电流变化，电源电压的±10%的变化（3.0～3.7V），就会引起正向电流 10 倍的变化（5～50mA）。若是采用恒压式供电，必须要求恒压源有足够高的精度，否则 LED 工作极其不稳定，甚至会烧坏 LED。

（2）从伏安特性的温度系数分析

实际上，LED 的伏安特性并不是固定的，而是随温度而变化的，所以电压定了，电流并不一定是不变的，而是随温度变化的。这是因为 LED 是一个二极管，它的伏安特性具有负温度系数的特点，如图 3-2 所示。

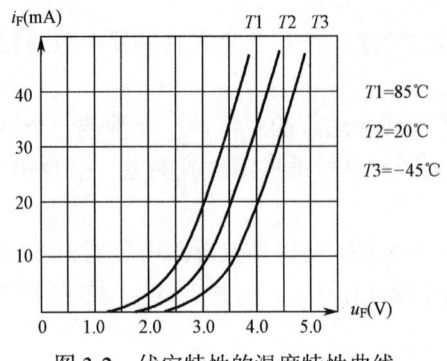

图 3-2　伏安特性的温度特性曲线

从特性曲线可以看出，随着温度的升高，其伏安特性向左移，假如所加的电压恒定，那么电流会增加。假定采用 3.5V 恒压源供电，常温下工作在 20mA，而温度升高到 85℃时，电流就会增加到 34mA，而其亮度增加并不大，原因是 LED 的光通量随温度的升高反而减少。因此，电流增加只会使它的温升更高，这样就会造成恶性循环，结果是增加光衰，降低寿命。相反，如果温度到了-40℃时，电流就会降低至 8mA，LED 的亮度会降低，甚至不亮。

对于 1W 的大功率 LED 芯片，情况也是一样，而且由于功率大，散热更不容易，温升问题更加严重。

（3）LED 显示屏的显示效果分析

由于 LED 制造工艺的差异性，即使是同厂家同型号的 LED，其正向压降也存在有分散性，当采用恒压驱动多只并联的 LED 时，各工作电流也会有所不同，导致光学特性的不一致，因此，最好的办法是恒流控制，使得流过每一个发光二极管的电流都是相同的，这样每只发光二极管看起来亮度就是一样的了。

特别是用 LED 作为显示屏，保证各个 LED 亮度、色度的一致性，获得预期的亮度要求则更为重要。同时，还能避免驱动电流超出最大额定值，影响其可靠性。

综上所述，LED 采用恒流驱动方式是较为理想的一种。

二、恒流式驱动电路的形式与结构

1. 恒流式驱动

由于 LED 器件的正向特性比较陡，加上器件的分散性，使得在同样的电源电压和限流电阻的情况下，各器件的正向电流并不相同，引起发光强度的差异。如果能够对 LED 正向电流直接进行恒流驱动，那么只要电流值恒定，发光强度就比较接近。我们知道，三极管的输出特性具有恒流性质，所以可以用三极管驱动 LED。

如图 3-3 所示，将三极管与 LED 器件串联在一起，这时 LED 的正向电流就等于三极管的集电极电流。图 3-3（a）所示是 LED 作为三极管放大电路的负载曲线，如果直接使用三极管基极电流控制其集电极电流，如图 3-3（b）所示，那么由于三极管放大倍数的分散性，同样的基极电流，会产生不同的集电极电流，因此采用基极电压控制方式更为合理，如图 3-3（c）所示，即在发射极中串联电阻 R_e，这时有

$$I_c \approx I_e = (U_b - U_{be})/R_e$$

式中，U_b 为外加基极电压；U_{be} 为基极-发射极电压。由于三极管 U_{be} 的分散性比放大倍数 β 的分散性要小，所以各 LED 器件的正向电流在 U_b 与 R_e 相同的情况下，基本上可以保证 I_c 是恒定不变的。此外，从控制方面考虑，电压控制方式比电流控制方式更方便。

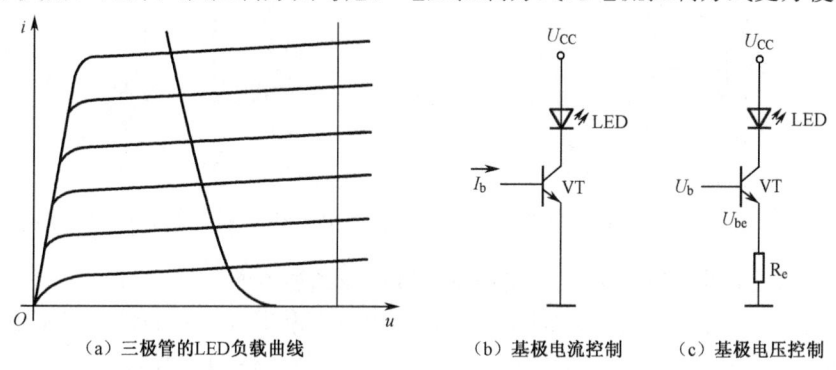

（a）三极管的LED负载曲线　（b）基极电流控制　（c）基极电压控制

图 3-3　LED 作负载与三极管串联

2．基本恒流源电路

恒流源是电路中广泛使用的一个组件，下面介绍几种比较常见的恒流源电路的基本电路结构。

（1）镜像恒流源

基本镜像恒流源电路，如图 3-4 所示。三极管 VT_1、VT_2 参数完全相同，则有 $\beta_1 = \beta_2$，$I_{CEO_1} = I_{CEO_2}$，由于两管具有相同的基-射极间电压（$U_{BE_1} = U_{BE_2}$），故 $I_{E_1} = I_{E_2}$，$I_{C_1} = I_{C_2}$。当 β 较大时，基极电流 I_B 可以忽略，所以 VT_2 的集电极电流 I_{C_2} 近似等于基准电流 I_{REF}，即

$$I_{C_2} = I_{C_1} \approx I_{REF} = (U_{CC} - U_{BE})/R \approx U_{CC}/R$$

由上式可以看出，当 R 确定后 I_{REF} 就确定了，I_{C_2} 也随 I_{REF} 而定。可以把 I_{C_2} 看成是 I_{REF} 的镜像，所以称为镜像恒流源。

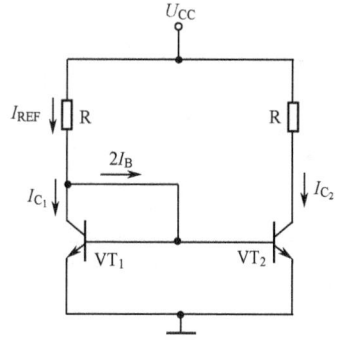

图 3-4　基本镜像恒流源

（2）用三极管提供基准电压的恒流源

如图 3-5 所示，是利用三极管相对稳定的基-射极电压作为基准，电流数值为 $I \approx U_{be}/R_2$。由于不同型号的管子，其 U_{be} 不是一个固定值，即使是相同型号，也有一定的个体差异。同时在不同的工作电流下，这个电压也会有一定的波动。因此不适合在精密的恒流需求下使用。

（3）用稳压二极管提供基准电压的恒流源

可以利用一只稳压二极管和一只三极管，组成一个简易的恒流源。如图 3-6 所示，电流计算公式为

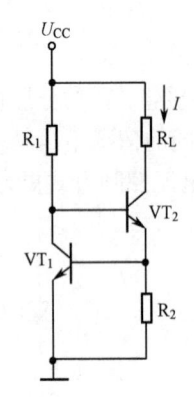

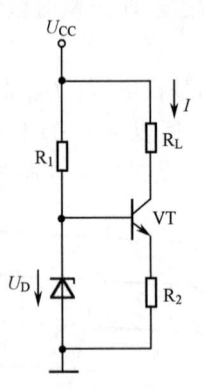

$$I=(U_D-U_{be})/R_2$$

图 3-5　三极管基-射极电压作基准电压的恒流源　　　图 3-6　稳压二极管作基准电压的恒流源

（4）用三端可调电压基准集成电路提供基准电压的恒流源

TL431 是一个有良好的热稳定性能的三端可调分流基准源。它的输出电压用两个电阻就可以设置为从 2.5～36V 范围内的任何基准电压值。该器件的典型动态阻抗为 0.2Ω，在很多应用中可以用它代替稳压二极管，常用于数字电压表、运放电路、可调压电源、开关电源等。如图 3-7 所示是 TL431 的图形符号和外形图。

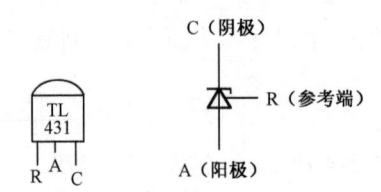

图 3-7　TL431 的图形符号和外形图

TL431 可等效为一只稳压二极管，其基本连接方法如图 3-8 所示。图 3-8（a）所示电路可作为 2.5V 基准电压源；图 3-8（b）所示电路可作为可调基准电压源，电阻 R_1 和 R_2 与输出电压的关系为 $U_o=2.5(1+R_1/R_2)$V。

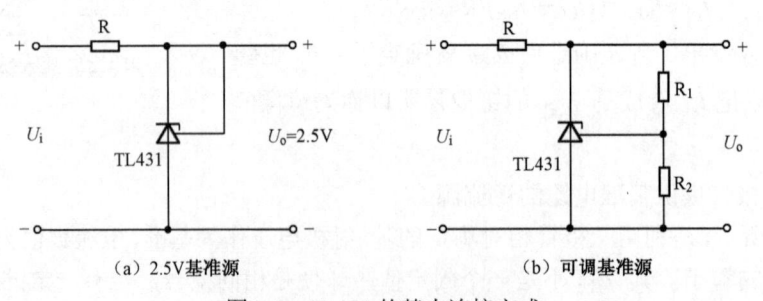

图 3-8　TL431 的基本连接方式

如图 3-9 所示是 TL431 作 2.5V 基准电压的恒流源电路，电阻 R_2 是电压取样电阻。一

且需要的电流大小确定后，这个阻值就定了，$R_2=2.5/I$。三极管根据电路功率大小及管子自身的耗散来确定。恒流原理是当输入电压升高或电路的输出电流增大时，流经三极管的偏流电流增大，致使流经 R_2 的电流大幅增大，R_2 的电压降增大，TL431 阴、阳极的电流大幅增加，从而分流三极管的基极电流，使三极管的 I_c 和 I_e 均有大幅减小，最终使 R_2 的电压回到 2.5V 为止。因为三极管的基极电流是很小的，它的微小变化就会带来其发射极电流很大的变化，基极电流的变化对输出恒流大小的变化可以忽略不计，所以这样的电路其输出电流几乎是恒定不变的。

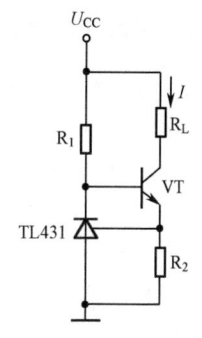

图 3-9 TL431 作基准电压的恒流源电路

3．集成恒流源

目前由于 LED 的广泛使用，对 LED 驱动电路的功能和品质等各方面均提出了较高的要求，现在许多集成电路（IC）产家已生产出各种类型的 LED 驱动 IC，以便在不同的情况下供设计人员选择。目前，市场上按应用将 LED 驱动 IC 分为四大类。

（1）用于消费性电子产品，其应用特点是以电池为能源，一般为 4.2～8.4V，因此低电压、小电流的 LED 驱动电源是目前量大面广的产品，消费性电子产品的 LED 驱动电源拥有比较成熟的技术、产品和相对成熟的市场。

（2）用于汽车照明产品，因其电源稳压器来自汽车蓄电池，一般是 48V，所以需要较高电压降压的 LED 驱动 IC。汽车照明产品使用 LED 的数量较多，LED 多采用串、并联连接，需要较高的电压，对于取自 48V 汽车蓄电池的电源来说是十分方便的。

（3）用于建筑装饰照明和家庭照明，主要功能是将交流电压转换为恒流电源，并同时完成与 LED 的电压和电流的匹配。建筑装饰照明和家庭照明则需要将交流（AC）能直接变换成直流（DC）恒流源的 LED 驱动 IC，目前还不能提供单个的集成电路产品，大多数是模块化电路。

（4）用于 LED 屏幕显示，LED 显示屏驱动 IC 可分为通用 IC 和专用 IC 两种。所谓的通用 IC，其 IC 本身并非专门为 LED 而设计，而是一些具有 LED 显示屏部分逻辑功能的逻辑 IC（如串-并移位寄存器）。而专用 IC 是指按照 LED 发光特性而专门设计用于 LED 显示屏的驱动 IC。专用 IC 一个最大的特点就是提供恒流源，可以保证 LED 的稳定驱动，消除 LED 的闪烁现象，是 LED 显示屏显示高品质画面的前提。有些专用 IC 还针对不同行业的要求增加了一些特殊的功能，如亮度调节、错误检测等。

三、集成恒流源电路的应用

LED 产品日益广泛的使用，对 LED 驱动电源的效率转换、有效功率、恒流精度、电源寿命、电磁兼容的要求都越来越高，利用 LED 驱动 IC，再加上少许的外围元件就能构成性能良好的 LED 驱动电源，因而采用 LED 驱动 IC 成了设计者的首选。

下面介绍几种不同类型的常用的 LED 驱动 IC 的主要功能和典型应用电路。

1. 低电压类 IC

低电压类 IC 是指其输入电压低，一般不超过 DC 15V，主要在以电池为电源的便携式产品中使用。可实现低电压类驱动的 IC 型号较多，几乎大多数的 IC 生产公司均有相似的产品。每个型号的 LED 驱动 IC 既有共同点，又有各自的特点。如有的具有可调光功能，有的具有超温保护功能，有的具有输出短路和开路保护功能等。

（1）LM3590 为小功率白色 LED 简单驱动 IC，如图 3-10 所示是它的外形图，输入电压 6～12V，输出电流 20mA，降压型，SOT23—5 贴片封装。

LM3590 的引脚功能：1—可编程电流输入端，编程电阻 $R_{SET}=100\times(1.25/I_{OUT})$；2—接地端；3—恒流输出端；4—电压输入端，输入电压范围为 6～12V；5—使能端。EN 为低电平时，无输出；EN 为高电平时，有输出。

LM3590 的典型应用电路，如图 3-11 所示。

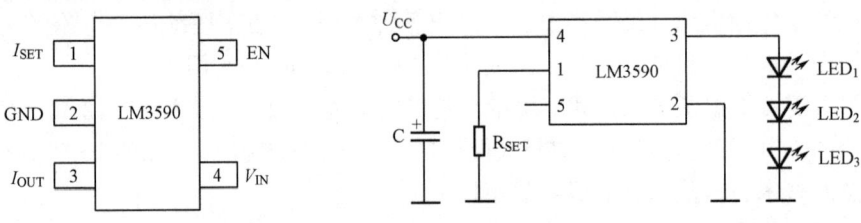

图 3-10　LM3590 外形图　　图 3-11　LM3590 的典型应用电路

（2）MAX1561 为高效率升压型变换器，它能够以恒定电流、87% 的效率驱动多达 6 个白光 LED，可为便携式电子设备提供背光照明。其升压转换结构允许白光 LED 串联连接，使每个 LED 保持相同的电流，以获得均匀的亮度，不需要限流电阻。

MAX1561 的主要技术特性如下：

- 采用灵活的模拟或 PWM 亮度控制，可简单、精确地调节电流，并可获得均匀亮度。
- 最大输出功率为 900mW，效率高达 87%。
- 模拟/开关控制输入，提供两种简便的亮度调节方式。
- 2.6～5.5V 的输入电压范围。
- 最大输出电压为 26V，带过压保护。

MAX1561 的典型应用电路，如图 3-12 所示。

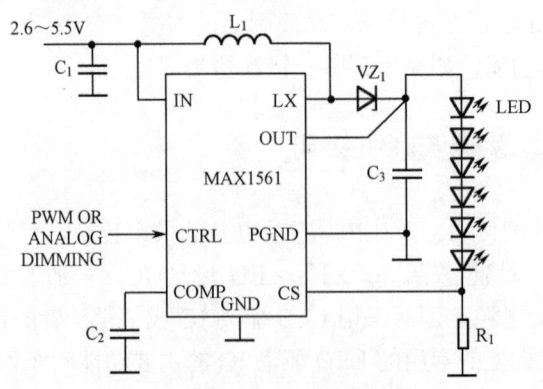

图 3-12　MAX1561 的典型应用电路

2. 中电压类 IC

中电压类 IC 是指其输入电压一般在几伏至几十伏之间，该类 IC 主要可用于以蓄电池为输入电压源，以汽车的 LED 灯饰产品为主，如用于汽车阅读灯、刹车灯、转向灯等。

AMC7150 是一款 PWM 模式的 LED 驱动 IC，工作电压为 4~40V；最高输出电流为 900mA；高达 200KHz 的工作频率外部可调；输出电流外部电阻控制；转化效率 90%。AMC7150 推荐应用：LED 汽车灯照明、LED 大功率照明等领域。

AMC7150 的典型应用电路，如图 3-13 所示。

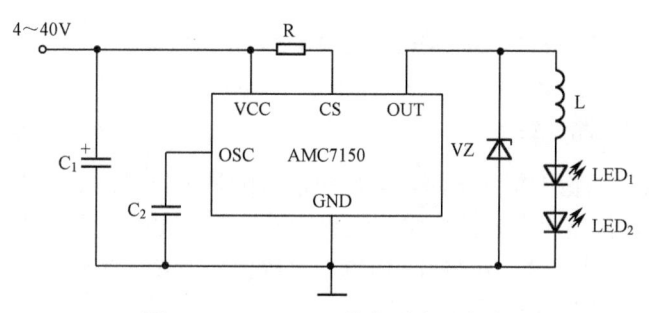

图 3-13　AMC7150 的典型应用电路

3. 高电压类 IC

高电压类 IC 是指其输入电压一般可达到几百伏，它的输入端能承受由市电直接整流得到的全部直流电压，而不需要降压。这类 IC 主要用于以市电为电源的各种照明中，如户外景观灯、LED 路灯、LED 日光灯、LED 射灯、LED 台灯等。

HV9910 是一个高效 PWM LED 驱动器控制集成电路。它在输入电压从 8~450V DC 内能有效驱动高亮 LED，效率大于 90%，能驱动从一个至数百个 LED，外部 PWM 低频调光和外部线性调光。该芯片能以高达 300kHz 的固定频率驱动外部 MOSFET，其频率由外部电阻编程决定，为了保证亮度恒定并增强 LED 的可靠性，外部高亮 LED 串采用恒流方式控制，其恒流值由外部取样电阻值决定，变化范围从几毫安到 1 安。

HV9910 的典型应用电路如图 3-14 所示。

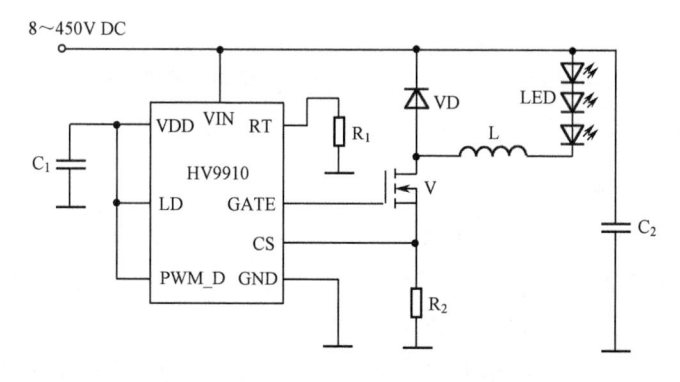

图 3-14　HV9910 的典型应用电路

> **应用提示**
>
> 对于一个 LED 电源产品，如何判别它是恒压式驱动还是恒流式驱动，除了看产品说明外，还有一个关键参数要注意，就是它的输出电压标称值，如输出电压是一个恒定值，则是恒压式驱动；如果是一个范围值，则是恒流式驱动。例如：有一个电源它的输出电压是 12V，则可确定这是个恒压式驱动；如果它电压标称的是 30~70V，则是恒流式驱动。

四、LM317 恒流源电路的分析和指导

1. LM317 集成电路介绍

LM317 是三端可调稳压集成电路，输出电压范围是 1.2~37V，负载电流最大为 1.5A。它的使用非常简单，仅需两个外接电阻来设置输出电压。此外，它的线性调整率和负载调整率也比标准的固定稳压器好。LM317 内置有过载保护、安全区保护等多种保护电路。其外形图和图形符号如图 3-15 所示。

2. 用 LM317 构建恒流源电路

LM317 工作时，LM317 建立并保持输出端与调节端之间 1.25V 的标称参考电压（V_{ref}），利用这一特点可以构建一个简单的恒流源电路，如图 3-16 所示。

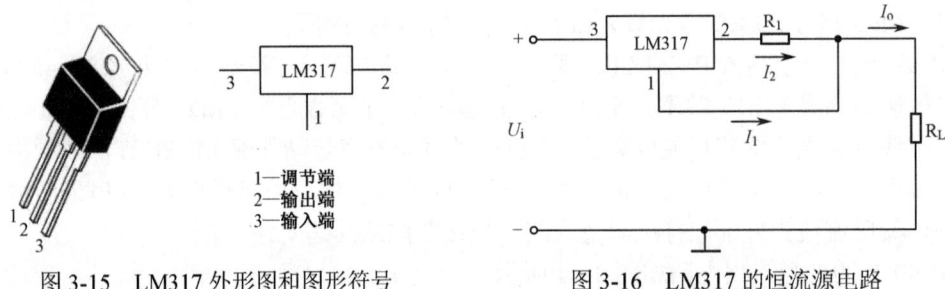

1—调节端
2—输出端
3—输入端

图 3-15　LM317 外形图和图形符号　　　图 3-16　LM317 的恒流源电路

从图 3-16 可以看出，流过负载 R_L 的电流 I_o 为：$I_o=I_1+I_2$。

而 $I_2=U_{21}/R_1$，因 U_{21} 之间的电压为 1.25V 且固定不变，若保持 R_1 不变，则 I_2 也就不变，又因 I_1 相对于 I_o 而言很小，所以 $I_o≈I_2$ 能保持不变，即输出电流恒定。

3. LM317 构成恒流源驱动 LED

LED 选用普通白光型，其工作电压为 3.0~3.5V，工作电流为 15~20mA，电源输入电压为 12V，因本电路是降压型，故 U_o 必须小于 U_i，因此采用 3 只 LED 串联组成一条支路，共使用 12 个 LED 组成四条支路，如图 3-17 所示。

电阻 R_1 的选取，设每只 LED 的工作电流为 18mA，电路输出的总电流 I_o=72mA。

电阻的阻值：$R_1=U_{21}/I_2=1.25V/72mA≈17.36Ω$（取 18Ω）；

电阻的功率：$P_{R1}=U_{21}×I_o=1.25V×72mA=0.09W$（取 1/4W）。

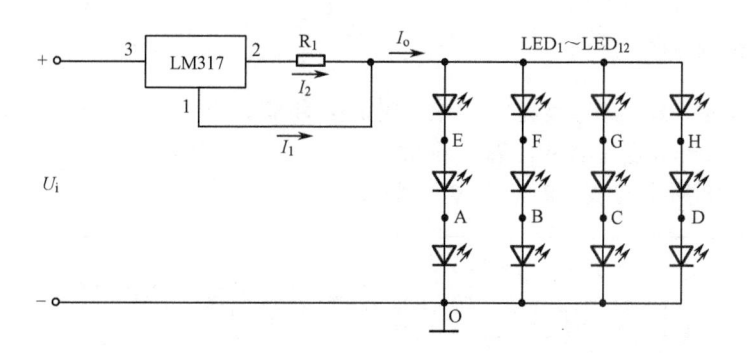

图 3-17 由 LM317 构成 LED 恒流驱动电路

1. LED 驱动电源的特点是什么？
2. 用恒流源驱动 LED，是不是说 LED 可以无限制地串联或并联使用？
3. LED 驱动 IC 按应用来分有几类？主要用于哪些场合？
4. 低压类、中压类和高压类的驱动 IC 有什么主要的区别？

技能训练一　恒流源驱动电路的制作和安装

1. 实训目的

（1）进一步了解 LM317 组成的恒流源驱动 LED 电路工作原理；
（2）学习用 LM317 组建恒流源电路的方法和实际电路的连接；
（3）学习 LED 驱动电源性能的测试方法。

2. 实训器材

按表 3-1 所示准备恒流源驱动电路的制作和安装实训器材。

表 3-1　恒流源驱动电路的制作和安装实训器材

序号	名称	型号与规格	数量
1	三端可调稳压器集成电路	LM317	1
2	电阻	18Ω，1/4W	1
3	LED	普通白光	12
4	万能板	单面板	1
5	可调直流电源	0～24V	1
6	数字万用表	自定	1
7	电烙铁	35W（或自定）	1

3. 实训内容与步骤

按图 3-17 所示,制作和安装恒流源驱动电路,步骤如下。

(1) 用万用表检测各元器件,确认各元器件的引脚和极性。

(2) 按图 3-18 所示的装配图,安装元器件。

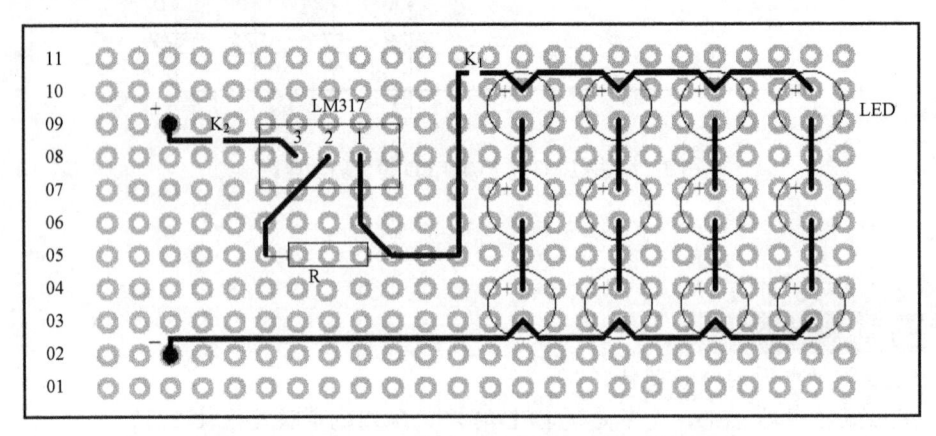

图 3-18 由 LM317 构成 LED 恒流驱动电路装配图

(3) 焊接元器件及焊接元器件间的连接线。

(4) 检查电路无误后,焊上断口 K_1 和 K_2,接通电源(12V DC),LED 点亮。

4. LM317 恒流源驱动 LED 电路的测试与分析

(1) 电路的稳流性能测试

输入电压从 8V 逐渐增加到 15V,测量电路的输出电流,并观察 LED 的亮度变化情况。测量数据填入表 3-2 中。

表 3-2 电路的稳流性能测试

序号	输入电压(V)	输出电流(mA)	LED 亮否
1	8		
2	9		
3	10		
4	11		
5	12		
6	13		
7	14		
8	15		

(2) 电路的效率测试

电路的输入电压保持 12V,分别测量下列三种情况时电路的输入电压和电流,输出电压和电流,并计算电路的效率,结果填入表 3-3 中。

① 当每支路的 LED 为三只串联时,保持原电路不变。

② 当每支路的 LED 为两只串联时，将电路中的 A-O、B-O、C-O 和 D-O 短接。
③ 当每支路的 LED 为一只串联时，将电路中的 E-O、F-O、G-O 和 H-O 短接。

表 3-3　电路的效率测试

LED 串数量	输入电压（V）	输入电流（mA）	输出电压（V）	输出电流（mA）	效率 η
3					
2					
1					

$$\eta = \frac{输出电压 \times 输出电流}{输入电压 \times 输入电流} \times 100\%$$

5．问题讨论

（1）从电路的稳流性能测试中分析，当电源电压变化时，电路能否稳流？电源电压的变化是否有一定的范围？

（2）从电路的效率测试中分析，哪一种情况电路的效率最高？为什么？

（3）在图 3-17 所示的电路中，若 LED 串的并联数再增加，电路能否正常工作？电路中的哪些元件及参数要做何调整？

任务二　点阵显示系统分析

LED 显示屏（又称 LED 点阵显示系统）是由 LED 点阵组成的，通过 LED 灯珠的亮灭来显示文字、图片、动画、视频，内容可以随时更换，各部分组件都是模块化结构的器件。通常由显示模块、控制系统及电源系统组成。显示模块由 LED 组成的点阵构成，负责发光显示；控制系统通过控制相应区域的亮灭，可以让屏幕显示文字、图片、视频等内容；电源系统负责将输入电压电流转为显示屏需要的电压电流。

一、点阵显示系统

1．LED 显示屏概述

随着社会的发展，人们需要一种大屏幕的显示设备，于是有了投影仪，但是其亮度无法在自然光下使用，于是出现了 LED 显示屏（器），它具有视角大、亮度高、色彩艳丽的特点。目前 LED 显示屏（器）正朝着更高亮度、更高耐气候性、更高的发光密度、更高的发光均匀性、更高的可靠性、全色化方向发展。LED 大屏幕的发展呈现如下几个阶段。

（1）第一代——单色 LED 显示屏

以单红色为基色，显示文字及简单图案为主，主要用于通知、通告及客流引导系统。

（2）第二代——双基色多灰度显示屏

以红色和黄绿色为基色，因没有蓝色，只能称其为伪彩色，可以显示多灰度图像及视频，目前在国内广泛应用于电信、银行、税务、医院、政府机构等场合，主要显示标语、公益广告、形象宣传信息及文字和数字信息的实时发布。

（3）第三代——全彩色多灰度显示屏

以红色、蓝色和黄绿色为基色，可以显示较为真实的图像，目前正在逐渐替代第二代产品。

（4）第四代——真彩色多灰度显示屏

以红色、蓝色和纯绿色为基色，可以真实再现自然界的一切色彩（在色坐标上甚至超过了自然色彩范围），可以显示各种视频图像及彩色广告，其艳丽的色彩，鲜亮的高亮度，细腻的对比度，在宣传广告领域应用具有极好的视觉震撼力。它的优点是高亮度，不受环境亮度影响，厚度小，占用场地小，色彩鲜艳丰富，视角宽，可以在宽敞的厅堂中应用，没有拼接图像损失。

LED 显示屏的分类，见第 6 页的表 1-6 。

2. LED 点阵模块

LED 点阵模块是一种显示器件，是组成显示屏的基本单元。它由发光二极管按一定规律排列在一起再封装起来，加上一些防水处理组成的产品。

LED 点阵模块按发光点的行列数量分有：4×4、4×8、5×7、5×8、8×8、16×16、24×24、40×40 等多种规格；按发光点直径分类：室内屏有 ϕ3mm、ϕ3.75mm、ϕ5mm 等，室外屏有 ϕ10mm、ϕ12mm、ϕ14mm、ϕ16mm、ϕ18mm、ϕ20mm、ϕ25mm、ϕ31.25mm、ϕ36mm 等。

因 LED 点阵模块内部电路的连接方式不同可分为共阴极和共阳极两种，如图 3-19 所示。

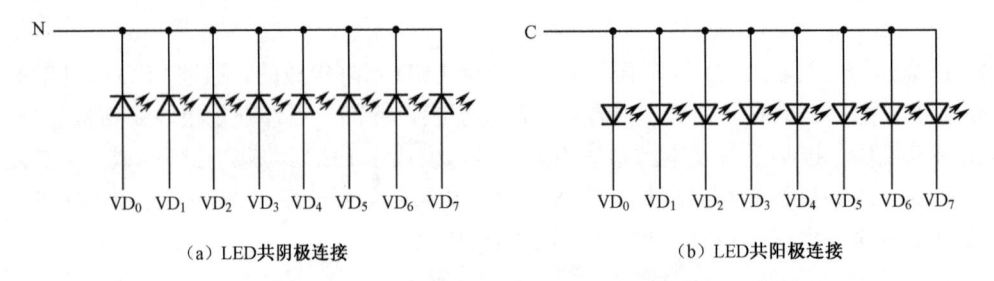

(a) LED共阴极连接　　　　　　　　(b) LED共阳极连接

图 3-19　点阵模块内部 LED 两种连接方式

如图 3-20 所示是 8×8 的单色 LED 点阵模块的外形图，它共用 64 只 LED 排成 8 行 8 列，其中点阵的所有行接 LED 正极，称为共阳极，反之则称为共阴极。如图 3-21 所示是 8×8 双色 LED 点阵模块外形图，它的每一个发光点是由红色和绿色两只 LED 组成的。

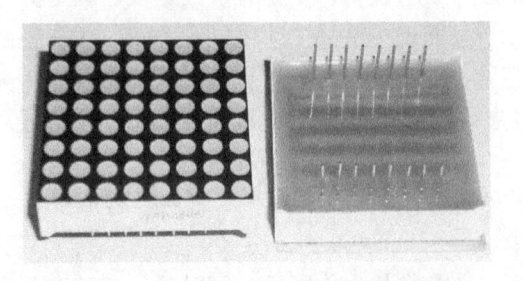

图 3-20　单色 LED 点阵模块外形图 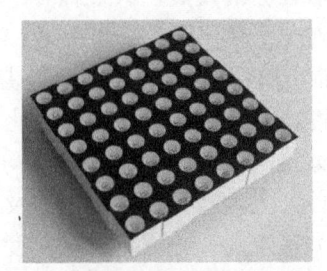　　　　图 3-21　双色 LED 点阵模块外形图

8×8 单色共阳极 LED 点阵模块的内部结构如图 3-22 所示，点阵模块的背面共有 16 根引脚线，其中 8 根行引脚线，8 根行列脚线。图 3-23 所示是 8×8 双色 LED 点阵模块的内部结构图。

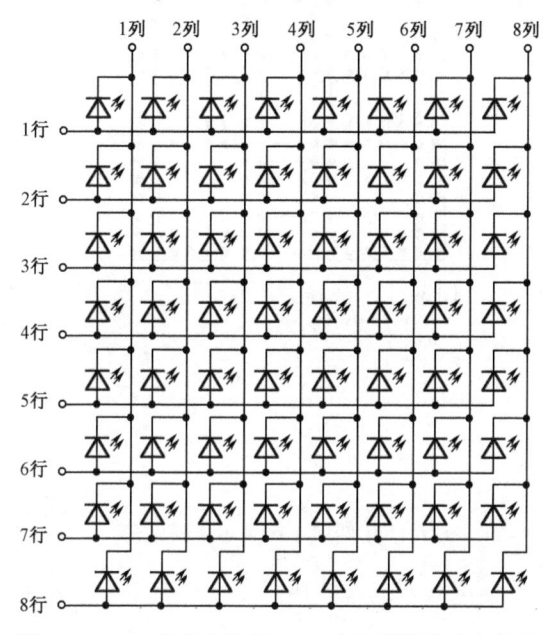

图 3-22　8×8 单色共阳极 LED 点阵模块的内部结构

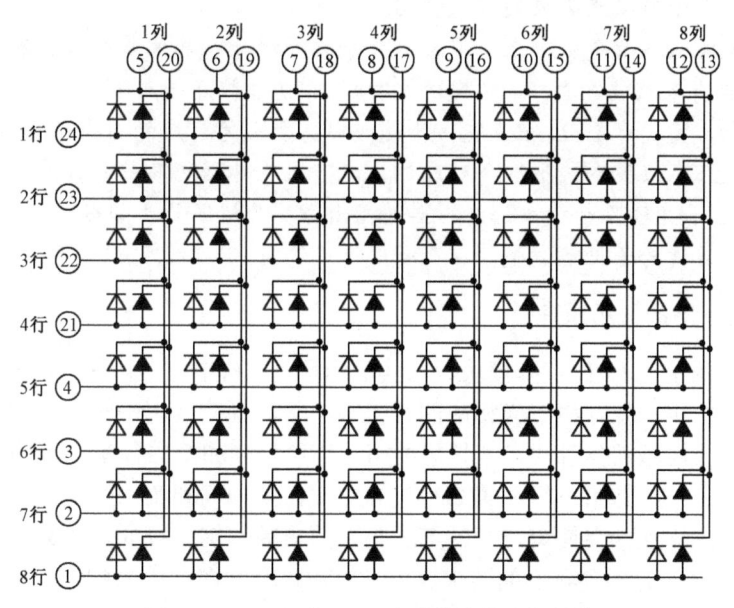

图 3-23　8×8 双色 LED 点阵模块的内部结构

通常情况下，一块 8×8 像素的 LED 显示屏是不能用来显示一个汉字的，因此，按照其原理结构进行扩展成 16×16，就足以显示一个完整的汉字，如图所示 3-24 所示，是由 4 块 8×8 点阵模块拼接成 16×16 点阵模块。如果想要更大的屏幕显示更多的字符，可按相同的

方法继续连接扩展。

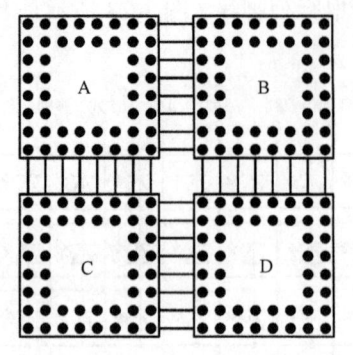

图 3-24　16×16 点阵显示屏连接图

万用表测试 LED 点阵模块

【器材】8×8 LED 显示模块共阴极、共阳极各一个，数字万用表一台。

【要求】

（1）数字万用表转换开关拨到二极管挡。

（2）将红表笔放在某个引脚上，黑表笔分别按顺序接在其他各引脚上测试，同时观察 LED 点阵屏是否有某点被点亮。如果发现没有任何 LED 被点亮，则调换红、黑表笔再按上述方法测试。如果发现有 LED 被点亮，则这时红、黑表笔对应的引脚正是被点亮 LED 所在的行列位置及正负极关系。把这个对应关系记下来，再测试下一个引脚。

（3）画出被测 LED 显示模块的引脚图并指出是共阴极还是共阳极的。

（4）检查各像素是否正常发亮，以及亮度是否均匀。

3．LED 显示屏的显示原理

下面以 8×8 的单色 LED 点阵模块说明其显示原理，从结构上可知，它的每一列共用一根列线，每一行共用一根行线。当相应的行接高电平，列接低电平时，对应的发光二极管被点亮。但有一个问题需要解决，若只想要第一行第一列和第二行第二列的两个 LED 亮，能不能按照上述方法，将第一行和第二行接高电平，第一列和第二列接低电平呢？从电路结构分析可知，这样连接会使第一行的第一列、第二列和第二行的第一列、第二列的四个 LED 都亮起来，显然达不到我们的要求。为了解决这个问题，引入扫描的概念。

如图 3-25 所示，当开关 S 依次与 1、2、3、1、2、3、　接通，LED_1、LED_2、LED_3 会依次循环点亮，开关 S 的转换速度增加，LED 循环点亮的速度也会加快，当开关 S 的转换速度增加到一定时，会感觉三个 LED 处于常亮状态，不会再有闪烁的感觉。这利用了人的视觉暂留效应。这三个 LED 的这种显示方式被称为扫描或称为动态显示。

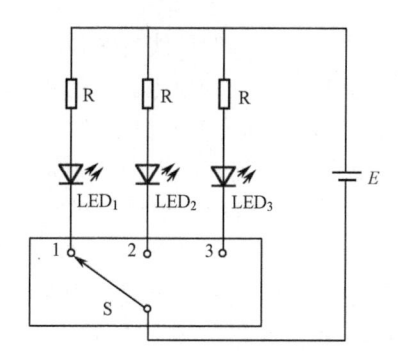

图 3-25 三只 LED 扫描显示

LED 点阵显示屏大部分采用动态扫描显示方式，这种显示方式巧妙地利用了人眼的视觉暂留特性。将连续的几帧画面高速的循环显示，只要帧速率高于 24 帧/秒，人眼看起来就是一个完整的、相对静止的画面。最典型的例子就是电影放映机。在电子领域中，因为这种动态扫描显示方式极大地缩减了发光单元的信号线数量，因此在 LED 显示技术中被广泛使用。

扫描驱动就是通过数字逻辑电路，使若干 LED 器件轮流导通。用点阵方式构成图形或文字是非常灵活的，可以根据需要任意组合和变化，只要设计好合适的数据文件，就可以得到满意的显示效果。

我们把一个字符分成若干个可视的点组成，换句话来说，就是一个个点组成了我们看到的字符。不妨仔细的看看电视屏幕，不难发现每一个字符或图形都是由一个个的点组成的，只是这些点很小而已。现以 LED 显示屏上显示 16×16 点阵的"豪"字为例，说明它的工作原理，如图 3-26 所示。

每一个方格代表一个 LED，黑色表示 LED 亮，用"1"表示，白色表示 LED 灭，用"0"表示，如图 3-26（a）所示，把每一个点看作为一位，据此可以描绘出"豪"字的位信息表，如图 3-26（b）所示。采用行扫描的方式，每 8 位为一个字节，则将这 8 位二进制转换成十六进制，这样就得到了字模数据，如图 3-26（c）所示。由此例可以清晰的了解可视字符、位信息与字模数据之间的关系。

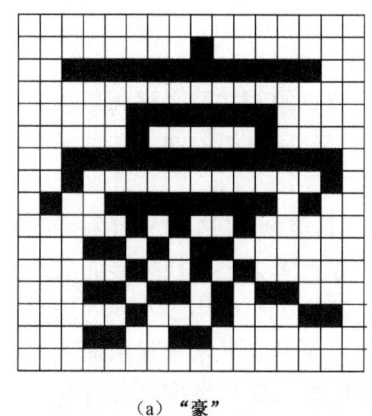

（a）"豪"　　（b）位信息　　（c）字模数据

图 3-26 "豪"字点阵显示原理

现在用 8 位的单片机控制，由于单片机的总线为 8 位，一个字需要拆分为左、右两个部分，这也就是上面为什么一个字节定 8 位的原因。本例中单片机首先显示的是左上角的第一行的左半部分，即第一行 P0 口。方向为 P00 到 P07，显示汉字"豪"时，P00 到 P07 均不亮，由左往右排列，即位信息用二进制表示为 00000000（B），转换为十六进制为 00（H），即是字模数据。左半部分第一行完成后，继续扫描左半部分的第二行，P10 到 P17 仍均不亮，二进制为 00000000（B），转换为十六进制为 00（H）。左半部分第二行完成后，继续扫描左半部分的第三行，其中有 P22 到 P27 点亮，由左往右排列，即二进制 00111111（B），转换为 16 进制为 3F（H）。继续往下扫描。扫描完十六行，单片机转向右半部，从图 3-26 可以看到，右半部分第一行 LED 全灭，即为 00000000（B），十六进制则为 00（H）。再往下扫描第二行，P21 点亮，二进制为 10000000（B），即十六进制为 80（H）。依此方法，继续扫描完右边的 16 行后，又从头开始。这样从头到尾扫完一遍即为一帧，所需的时间称为扫描周期，扫描周期的倒数即为扫描频率。扫描频率是指显示器在 1s 之内可进行全画面扫描的次数，其值越高，画面越稳定，它是 LED 显示屏的一个重要技术指标。

由这个原理可以看出，无论显示何种字体或图像，都可以用这个方法来分析其扫描代码从而显示在屏幕上。不过现在有很多现成的字模生成软件，就不必自己去画表格算代码了，只要软件打开后输入汉字，单击"生成字模"，十六进制数据的汉字代码即可自动生成，把数据复制到程序中即可。

应用提示

人眼观看物体时，成像于视网膜上，并由视神经输入大脑，感觉到物体的像。但当物体移去时，视神经对物体的印象不会立即消失，而要延续 0.1~0.4s 的时间，人眼的这种性质被称为"眼睛的视觉暂留"。人眼具有的这种性质是动画、电影等视觉媒体形成和传播的根据。

二、LED 显示屏

1. LED 显示屏的基本组成

目前，LED 显示屏为了满足不同显示功能的需求，从简单的图文显示屏到复杂的全彩色视频显示屏，结构和功能存在较大的差别，但基本组成部分还是相似的。它主要是由点阵显示单元、控制器、电源和计算机（PC）组成，如图 3-27 所示。

（1）点阵显示单元由 LED 显示点阵和驱动电路组成，是整个 LED 显示屏系统的一个部件，是独立完成显示任务的小系统，显示点阵多采用 8×8 点阵显示模块拼接而成。例如 32×128 的条屏，就需要使用 64 块 8×8 点阵显示模块，屏幕的大小应用于不同的场合，小的显示屏只能显示几个字，面积不到 $1m^2$，用于大型公共场所的大显示屏显示面积可达几百平方米。器件的发光强度可根据需要选择普通型、高亮度型或超高亮度型。目前，点阵显示单元主要分为户内屏和户外屏。户内屏是将 LED 点阵显示模块和驱动电路安装焊接在一块电路板上,称为单元显示板,它有各种规格,如图 3-28 所示。户外屏为了安装的方便做成箱体状,称为单元箱体,如图 3-29 所示。

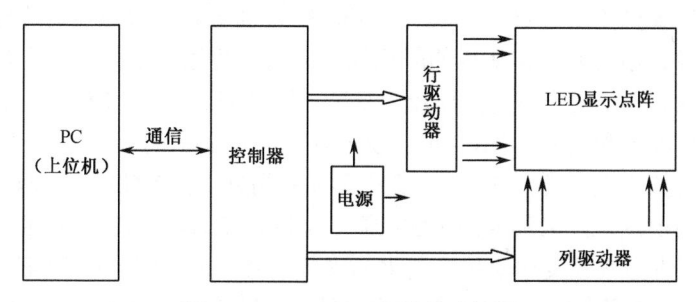

图 3-27 LED 显示屏的组成框图

图 3-28 LED 单元显示板　　图 3-29 LED 单元箱体

（2）控制器（又称控制卡）功能是接收计算机送来的命令和显示数据,将命令或数据传送给相应的显示单元,并负责各显示单元的同步显示。控制器一般是采用以单片机为核心的器件,并扩展有汉字库、带掉电保护的数据存储器、实时日历时钟及通信接口等。

LED 控制器根据其功能的不同又分为异步控制器和同步控制器。

① 异步 LED 显示屏控制器又称脱机 LED 控制卡或脱机卡,如图 3-30 所示。将计算机编辑好的显示数据事先存储在 LED 显示屏控制卡内,计算机关机后不会影响 LED 显示屏的正常显示,这样的控制系统就是异步 LED 控制卡。主要用于显示各种文字、符号、图形和动画。画面显示信息由计算机编辑,经 RS-232/485 串行口预先置入 LED 显示屏的帧存储器,然后逐屏显示播放,循环往复,显示方式丰富多彩,变化多样。其主要特点是操作简单、价格低廉、使用范围较广,支持模拟时钟显示、倒计时、图片、表格及动画显示,具有定时开关机、温度控制、湿度显示等功能。

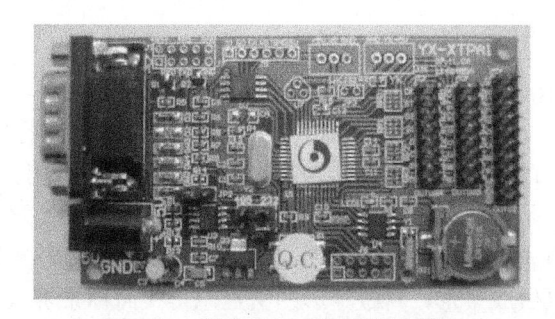

图 3-30 异步 LED 显示屏控制器

② 同步 LED 显示屏控制器如图 3-31 所示，主要用于实时显示视频、图文、通知等。主要用于室内或户外全彩大屏幕显示屏。LED 显示屏同步控制系统控制 LED 显示屏的工作方式基本等同于计算机的监视器，它以至少 60 帧/秒的更新速率点点对应地实时映射计算机监视器上的图像，通常具有多灰度的颜色显示能力，可达到多媒体的宣传广告效果。其主要特点是实时性、表现力丰富、操作较为复杂、价格高。一套 LED 显示屏同步控制系统一般由发送卡、接收卡和 DVI 显卡组成。发送卡是将待显示的内容按 LED 显示屏要求的特定格式和一定的播出顺序在 VGA 显示器上显示；另外，把 VGA 显示器上显示的画面通过采集卡，向控制板发送，采集卡是 VGA 显示卡到 LED 屏之间的接口卡，它用于获取数字化视频信息。接收卡接收发送卡传输过来的视频信号（控制信号和数据信号），将视频信号中的数据经过位面分离，分场存入外部缓存，然后分区读出，传送给显示单元的驱动电路。

图 3-31 同步 LED 显示屏控制器

（3）计算机（上位机）

计算机（上位机）的功能是负责信息编辑并对点阵显示单元进行控制，当需要更换显示内容时，把更新后的显示数据送到控制器中，当需要改变显示模式时，给控制器传送相应的命令，当需要联机动态显示时，给控制器传送实时显示数据信号。

（4）电源

电源是将 220V 交流电变为各种直流电提供给各电路，多采用开关电源。

为了方便用户的使用，还配有系统软件。系统软件包括控制软件和播放软件，控制软件可以通过计算机的 RS-232 接口与显示屏主控制器进行连接，通过控制软件进行显示屏参数的调节；播放软件用于播放显示各种计算机文字、表格、图形、图像和二、三维计算机动画等计算机信息。

2. LED 显示屏介绍

（1）LED 图文显示屏

一般把显示图形和文字的 LED 显示屏称为图文屏。这里所说的图形，是指由单一亮度线条组成的任意图形，以便与不同亮度（灰度）点阵组成的图像相区别，如图 3-32 所示。图文显示屏的主要特征是只控制 LED 点阵中各发光器件的通断（发光或熄灭），而不控制 LED 的发光强弱。LED 器件的颜色可以是单色的、双色的，个别情况下甚至是多色的。LED 图文显示屏的外观可以做成条形，叫做条形图文显示屏（简称条屏），也可以按一定高宽比例做成矩形的平面图文显示屏。

项目三
LED屏幕显示系统的组装与调试

图 3-32　LED 图文显示屏

（2）LED 图像显示屏

通常所说的图像显示是相对于图形显示而言的。上面所说的图形，是指由单色或彩色的几何形组成的画面，它没有灰度级的过渡，显示不出深浅；在色彩方面也只有给定的几种颜色，没有色彩的过渡，也不可能显示出自然界千变万化的色彩。而图像显示则是指那些具有灰度级显示功能的系统，它所显示的画面更生动更逼真。对于单色图像显示屏，就如同黑白电视机一样，其灰度控制产生了单色的有深浅过渡的画面。对于多色（一般用三基色：红、绿、蓝，RGB）图像显示屏，和彩色电视机一样，由于每一种基色的灰度级均可单独控制，因此可以得到从白到黑的各种不同颜色的组合，这时灰度级的控制不仅可以得到深浅过渡的效果，还可以形成丰富的色彩，如图 3-33 所示。

图 3-33　LED 图像显示屏

在数字化系统中，灰度控制的能力由灰度级来表示。所谓灰度级就是指可以进行控制的灰度等级的多少。例如，能够控制（产生）16 个级别的灰度，它的灰度级就是 16。在数字电路中，用 4 位二进制数来表示 16 个不同的数。因此，用于灰度控制的位数越多，能够产生的灰度级就越大，显示出来的图像就越细腻（当然，还要配合上足够的点阵密度）。对于彩色显示屏来说，若每一基色的灰度级数目为 G，可以组台出的彩色总数则是 G^3。例如 RGB 三基色每一基色的灰度级为 16 的话，可以显示出 4096 种不同的颜色。而每一基色的灰度级为 256 时，则彩色数目能够达到 16777216 种，这样丰富的色彩对于一般应用场合来说已经足够。

图像显示技术中的另一个问题是所显示的图像是静止的还是运动的。静止图像的显示，在显示数据的准备时间方面要求不严，只要能够反映出画面的灰度级就可以了。对于动态图像的显示，除了要求正确显示相应的灰度级之外，其图像的更新速度必须满足运动连续和无闪烁的要求，这样每一帧图像显示数据的准备与传输时间都必须跟得上图像更新的速度才行。

(3) LED 视频显示屏

随着社会地不断进步,人们对公共传媒质量的要求越来越高,特别是在了解国内外时事动态和经济信息、观看文艺节目和体育比赛等方面,现在普遍要求能观看到实时的动态图像。而只能显示文字、图形或静止图像的中低档 LED 显示屏,已经远远满足不了这种越来越强烈的需求了。能够显示运动的、清晰的、全色彩的图像,是新一代 LED 显示屏的特色,这就是视频 LED 显示屏,如图 3-34 所示。随着近几年来 LED 视频显示屏的推出和不断完善,它的应用范围正在扩大,应用效果十分显著。在北京奥运会和上海世博会中,视频 LED 显示屏也大放异彩。不难看出,这一电子信息技术发展的新成果,在宣传、广告娱乐等方面的作用日益突出。

图 3-34 LED 视频显示屏

从公众传媒的及时性来看,广播电视信号作为视频 LED 显示屏的信号源无疑是十分合适的。从观赏性的角度出发,各类视频记录设备与相应的介质也是不可缺少的信号源,其中主要包括录像带、光盘(各类 VCD、DVD)。作为现有的各种视频显示设备,使用得最广泛的是电视机,而电视机的首要功能是观看电视节目,其信号标准就应该符合广播电视信号的要求。因此,在目前的大多数视频设备中形成了以现行广播电视信号标准为主体的格局。LED 显示屏能够直接显示的信号是数字化的,而现行广播电视信号有数字式和模拟式两类,数字式的广播电视信号可直接作为 LED 显示屏的信号源,模拟式的广播电视信号需要解码电路转换成数字信号,作为 LED 显示屏的信号源。

当前计算机的发展和普及,特别是多媒体技术的发展,已经可以提供多种计算机视频输入接口板(视频卡)。现在都是用计算机来控制 LED 显示屏,而我们要做的就是选择和装接视频卡,同时还要考虑视频源信号的实时采集、视频信号的再分配、视频信号的高速传输、显示屏的高速刷新,以及显示屏的稳定性与抗干扰等问题。

复习思考题

1. LED 显示屏按功能分类有哪几种?
2. LED 点阵模块和 LED 点阵单元有什么区别?
3. 什么是 LED 显示屏的扫描显示?扫描显示是利用人的什么特点?
4. LED 显示屏的基本组成部分有哪些?
5. 试说明图文显示屏、图像显示屏和视频显示屏的各自特点和应用场合。

技能训练二　LED 点阵显示字符

1．实训目的

（1）学会 LED 点阵模块的引脚判别，学会多块 LED 点阵模块的拼接使用；

（2）进一步了解 LED 点阵的显示原理；

（3）了解用单片机控制 LED 点阵显示字符的基本原理；

（4）学习根据电路图连接电路。

2．实训器材

按表 3-4 所示准备 LED 点阵显示字符实训器材。

表 3-4　LED 点阵显示字符实训器材

序　号	名　称	型号与规格	数　量
1	数字电路实验箱	自选	1
2	数字式万用表	自选	1
3	8×8LED 点阵模块	ϕ5mm，共阳极	4
4	单片机	TA89S52	1
5	集成电路	74F573	4
6	集成电路	ULN2803A	3
7	电解电容	10μF	1
8	瓷片电容	30pF	2
9	晶振	11.0592M	1
10	电阻	10kΩ	1
11	按钮开关		1

3．实训内容

（1）用数字式万用表判别 LED 点阵模块的引脚，如图 3-35 所示是 LED 点阵模块的引脚序号，测量出各引脚序号所对应的行（列）数，并将结果填入表 3-5 中。

表 3-5　测量各引脚序号对应的行（列）数

引脚序号	1	2	3	4	5	6	7	8	9	10	11	12	13	14	15	16
行数																
列数																

（2）LED 点阵模块的拼接，将 4 片 LED 点阵模块拼接在一起，组成 16×16 LED 点阵显示屏，连接时，左右并排两片模块的行引脚需连在一起，上下并排两片模块的列引脚需连在一起，结果 16×16 LED 点阵显示屏共有 32 根引线，其中行线 16 根，列线 16 根。如图 3-36 所示。

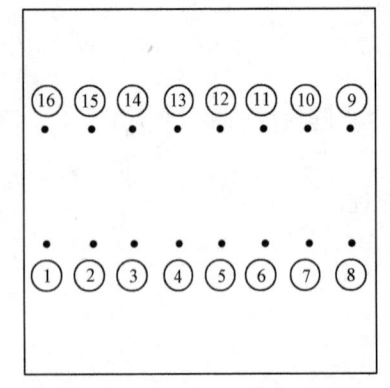

图 3-35　8×8 LED 点阵模块引脚

图 3-36　16×16 LED 点阵显示屏

（3）连接行驱动电路，行驱动采用两片 74F573，三片 ULN2803A，电路如图 3-37 所示。

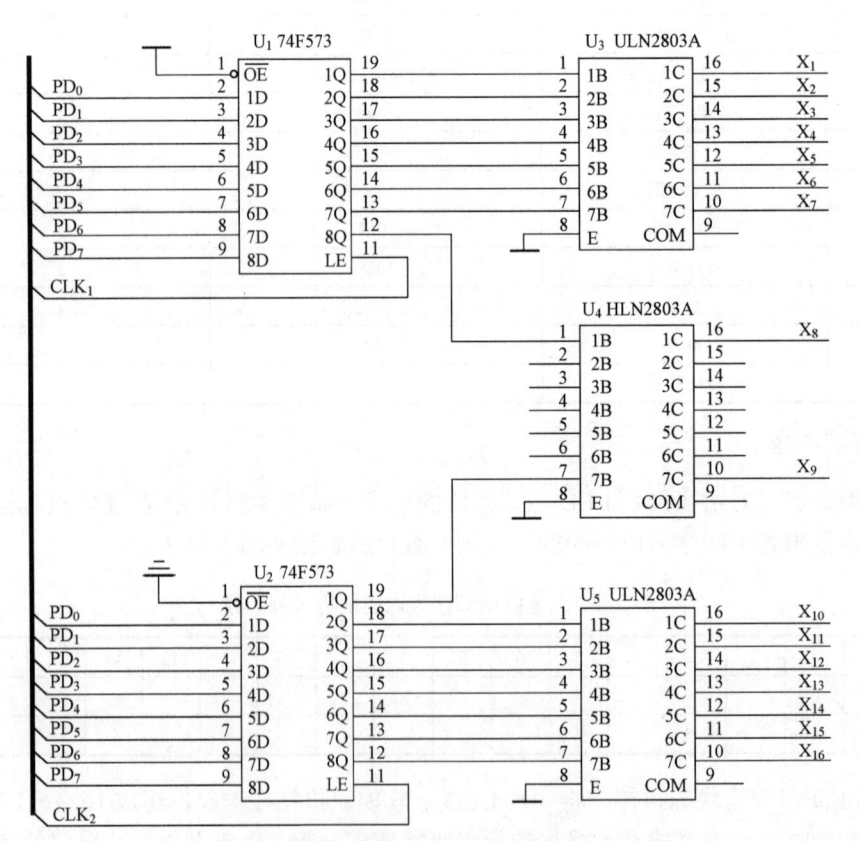

图 3-37　16×16 LED 点阵显示行驱动电路

（4）连接列驱动电路，列驱动采用两片 74F573，电路如图 3-38 所示。

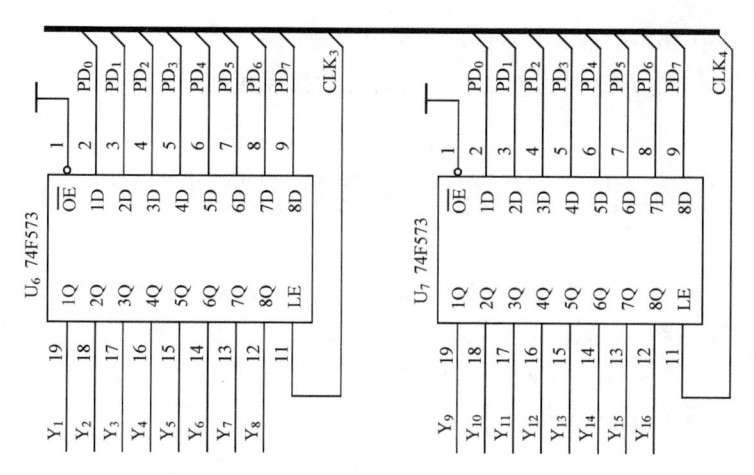

图 3-38　16×16 LED 点阵显示列驱动电路

（5）连接单片机电路，电路如图 3-39 所示。

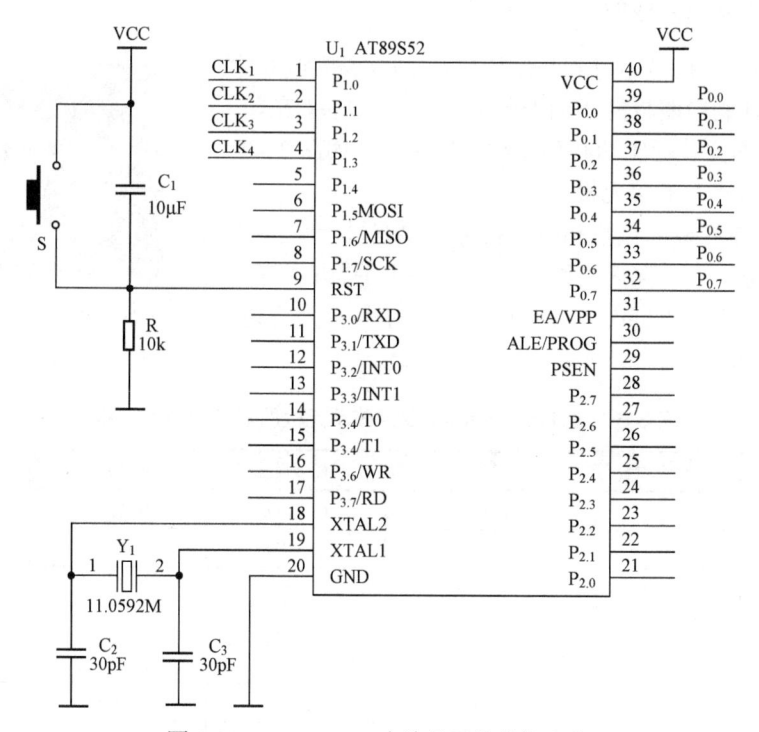

图 3-39　16×16 LED 点阵显示单片机电路

（6）将程序写入单片机，检查电路无误后，接通电源，此时，LED 点阵屏上会有字符显示，显示的内容由单片机程序决定。

4．问题讨论

（1）从外观上能否区分点阵模块是单色的还是双色的？8×8 双色 LED 点阵模块共有几条引脚线？

(2)"大"字用16×16显示屏显示,其字模数据是多少?

(3)用单片机控制LED显示屏显示字符时有行扫描和列扫描两种,它们有什么区别?

任务三　点阵显示系统的组装与软件操作

LED显示屏是由若干个可组合拼接的显示单元(单元板或单元箱体)构成的屏体,再加上一套合适的控制器(控制卡)。所以不同规格的显示单元配合不同控制技术的控制器就可以组成多种LED显示屏,以满足不同环境、不同显示要求的需要。下面以简单的LED图文显示屏为例说明其组装方法。

一、点阵显示系统的组装

1. LED点阵单元板的认识和使用

LED点阵单元板是由点阵显示模块、行驱动和列驱动组成,在双面印制电路板的正面安装LED点阵模块,在印制电路板的反面安装行驱动和列驱动集成电路,如图3-40所示是16×32(点)的单元板。

LED点阵单元板的规格和技术指标主要有显示颜色、显示尺寸、像素点数、像素间距、接口方式和扫描方式等,表3-6所示是以室内单红ϕ5.00mm LED点阵单元板为例说明其规格和技术指标。

图3-40　16×32(点)的单元板

表3-6　单红ϕ5.00mm LED点阵单元板的规格和技术指标

显示字数	像素点数	像素间距(mm)	显示尺寸(mm)	接口方式	扫描方式
1×2	16×32	7.62	122×244	08接口	1/16
1×4	16×64	7.62	122×488	08接口	1/16
1×5	16×80	7.62	122×610	08接口	1/16
1×6	16×96	7.62	122×732	08接口	1/16
1×8	16×128	7.62	122×976	08接口	1/16
1×10	16×160	7.62	122×1220	08接口	1/16
1×12	16×192	7.62	122×1462	08接口	1/16

用户可根据需要用多块点阵单元板拼接成一个完整的屏体,单元板之间用数据线连接,在选用点阵单元板时需要考虑以下几个因素。

(1)屏体尺寸的大小主要由显示内容的需要、场地空间条件和显示屏单元板尺寸三个因素来决定。

(2)室内显示屏应以显示屏单元模板的尺寸为基础。

(3)户外屏首要要确定像素尺寸。像素尺寸的选定除了应考虑前面提到的显示内容的需要和场地空间因素外，还应考虑安装位置和视距。若安装位置与主体视距越远，则像素尺寸应越大，因为像素尺寸越大，像素内的发光管就越多，亮度就越高，而有效视距也就越远。但是，像素尺寸越大，单位面积的像素分辨率就越低，显示的内容也就越少。

2．控制器的认识和使用

LED 控制器是以单片机为核心的控制部件，用于控制 LED 点阵单元板。控制器有同步型和异步型。异步型控制器的主要性能参数有最大可控范围、显示功能、扫描方式、接口方式等，其外形如图 3-41 所示。

图 3-41　LED 异步型控制器

板上的接口：
- 串行通信接口，用于接收计算机（上位机）的数据。
- 数据接口，用于向 LED 点阵单元板发送数据。当显示板需两排拼装时，第二排接第二个数据口。
- 电源接口，供电电压为直流 5V。

3．电源

用于向 LED 点阵单元板和控制器供电，输入交流 220V，输出直流 5V。常用的是开关电源，如图 3-42 所示。

图 3-42　LED 显示屏电源

（1）电源功率的计算方法

对于单色板：电源功率=屏体 LED 总功率/2

对于双色板：电源功率=屏体 LED 总功率/3

常用的 LED 显示屏电源有 150W（30A）和 200W（40A）两种，现以 16 块单色 16×32LED 单元板组成的一个屏体为例计算电源的功率。

单个 LED 功率的计算：单个 LED 的工作电压为 5V，工作电流为 20mA，则单个 LED 的功率为 5V×0.02A=0.1W。

一块单元板的功率计算：一块单元板的功率=16×32×0.1=51.2（W）

一个屏体的功率计算：一个屏体的功率=16×51.2/2=409.6（W）

因此，该显示屏要用两个 200W 的电源，每个电源接 8 块单元板。

（2）电源必须有多个输出接线端口，同时还必须有短路、过载保护功能。

4．系统的连接

用数据线和电源线将各模块连接起来，用通信线与计算机连接。如图 3-43 所示是一块单元板的连接方式。

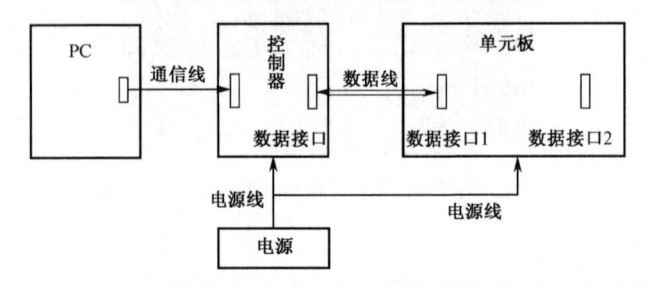

图 3-43　一块单元板的系统连接图

如图 3-44 所示是两块单元板的串联连接方式。

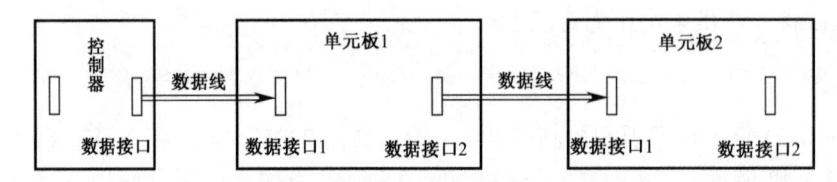

图 3-44　两块单元板的系统连接图

如图 3-45 所示是四块单元板的串并联连接方式。

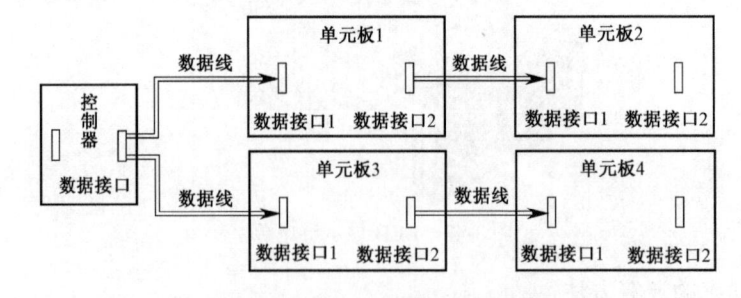

图 3-45　四块单元板的系统连接图

二、点阵显示系统的播放软件

对于大屏幕 LED 显示屏，已有多款面向用户的操作播放软件，用户可根据要控制显示屏的大小和播放内容的复杂程度，选择一款合适的播放软件。下面以《LSP Pro 2.0 LED 显示系统播放器》为例说明其使用方法。

《LSP Pro 2.0 LED 显示系统播放器》是专为 LED 显示屏设计的一款功能强大、使用方便、简单易学的节目播放软件。支持多种文件格式：文本文件；Word 文件；图片文件（BMP/JPG/GIF/PCX/…）；动画文件（MPG/MPEG/VOD/AVI/VCD/RM/ASF…）。

1．软件窗口界面介绍

软件安装后，双击软件快捷图标运行程序，显示软件操作界面，如图 3-46 所示。

（1）播放窗（即 LED 屏上所显示的内容）是用来显示用户要播放的文本、图片、动画、多媒体片断等内容。此处的内容和 LED 屏幕上所显示的内容是同步的。

（2）控制窗是用来控制播放区的位置、大小及所要播放的内容。控制窗包含菜单条、工具条和编辑控件，带编辑的控制窗如图 3-47 所示。

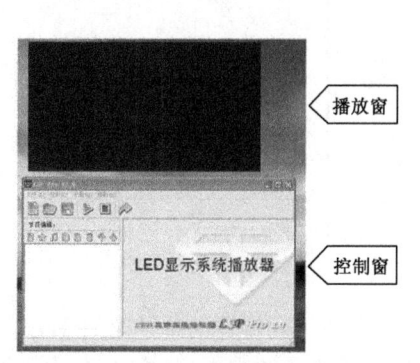

图 3-46 软件操作界面　　　　　　　图 3-47 控制窗

菜单条：包含文件、控制、工具、设置、调试、帮助六个子菜单。

工具条：是菜单功能的快速操作。

编辑控件：分为两个部分，左半部分为节目选项，显示节目及子窗口信息；右半部分为控制选项，控制节目的播放、背景、时间等。

2．功能介绍

（1）文件菜单

文件菜单包含新建、打开、保存、另存为、重新打开、退出。

新建：新建一个 LED 播放文件。

打开：打开以前编辑好的一个 LED 播放文件。

保存：保存当前的 LED 播放文件。

另存为：把当前的 LED 播放文件保存为新的 LED 播放文件。

退出：退出 LED 显示系统播放器软件。

（2）控制菜单

控制菜单包含播放、停止、后台播放、自动播放当前节目。

播放：播放当前的 LED 文件。

停止：停止当前正在播放的 LED 文件。

后台播放：在 Windows 98/XP 系统下才能使用本功能，之前还要先进行以下设置再重新启动软件后才能实现。在桌面空白处单击右键，出现设置菜单，单击"属性"弹出显卡设置窗口，然后单击进入设置项目窗口，如图 3-48 所示。激活监视器"2"，选择图框下"将 Windows 桌面扩展到该显示器上"，然后单击"确定"按钮，这样就完成了设置，可以实现后台播出了。这时，再启动软件单击"后台播放"功能，则播放窗口会移到扩展窗口下，再次单击则回到当前窗口，从而实现后台播放功能。

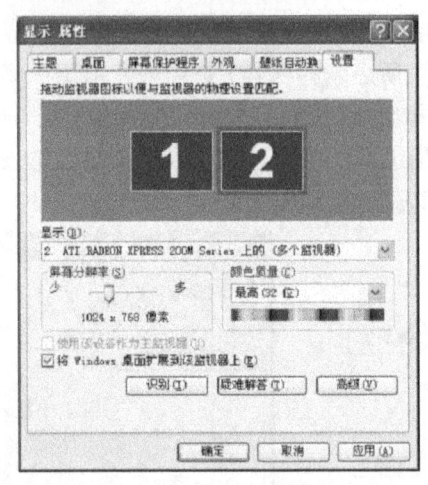

图 3-48 设置项目窗口

取消后台播放：自动播放当前节目文件，用户在编辑好并保存自己的播放文件后，单击此项目，即在其前面打上钩，在用户关掉 LED 显示系统播放器并重新启动 LED 显示系统播放器后，LED 显示系统播放器会自动地播放已保存的播放文件。

（3）设置菜单

设置菜单包含控制器类型、显示屏设置、锁定窗口位置和大小。

控制器类型：选择正在操作的计算机控制的是双色显示屏还是全色显示屏。

显示屏设置：调节显示屏的大小、坐标、色彩、亮度、计算机和显示屏控制器通信的接口等选项。需要注意："控制器类型"选项中选择的显示屏类型不同，此设置中出现的设置程序也不同，双色显示屏和全色显示屏都有各自的显示屏设置，需要用户先在控制器类型中设置好再使用该选项。

锁定窗口位置和大小：不选择此项，用户可以用鼠标拖动播放窗口来改变其位置，或者可以用鼠标拖动播放窗口的边缘来改变播放窗口的大小。选择此项以后上述功能失效，播放窗口将固定在当前的位置上。

3．节目制作流程

第一步：设定播放窗口的大小。

项目三
LED 屏幕显示系统的组装与调试

在编排显示屏播放节目时，用户需要首先设定显示屏的大小、类型和显示屏在计算机显示器上对应的区域。

用户首先单击"设置"→"控制器类型"，在弹出的窗口中选择控制器的类型，如图 3-49 所示，如果用户安装的是双基色显示屏，选择"双色显示屏控制器"选项；如果是全彩显示屏，则选择"全色显示屏控制器"选项，然后单击"确定"按钮退出。

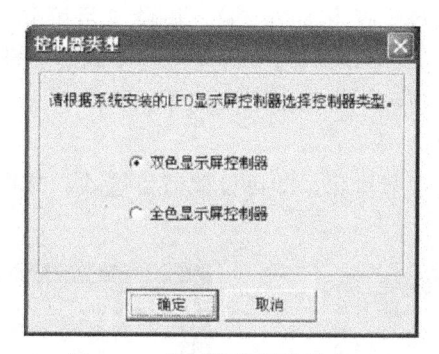

图 3-49　控制器类型选择窗口

选择好了控制器的类型以后，单击"设置"→"显示屏设置"，打开如图 3-50 所示窗口，此窗口分为"基本设置"和"显示屏色彩"两个子窗口。

图 3-50　显示屏设置窗口

在"基本设置"窗口中先将用户安装的显示屏的大小参数填入到"屏幕宽度"和"屏幕高度"两个位置，确定显示屏控制器所配的串口通信线已经和正在操作的计算机的串口相连，然后将"通讯端口"设置正确。单击"获取"按钮，此时鼠标会拖动着显示屏对应在显示器上的大小相同的窗口移动，用户可以根据自己的需要选择显示屏对应在的显示器的位置，鼠标移动到合适位置后双击鼠标即可，这时播放器的播放窗口会自动地移动到该位置上去。

在控制栏中单击"清屏"，显示屏将没有任何显示；单击"锁屏"，显示屏将停留在当前的显示画面上。在"显示器色彩"中主要是对显示屏的 Gamma 值和亮度进行微调，全色显示屏控制器中还要对显示屏的红、绿、蓝的色彩亮度分别进行调节，操作方式与调节亮度的方式相同。

在设置完以上两个功能项后，单击"设置"→"锁定窗口位置和大小"，这样鼠标就不能改变窗口的位置和大小，用户就可以在自己设置的播放窗口排列自己的播放节目了。

第二步：新建节目。

节目是播放文件的基本元素，如图 3-51 所示。

单击新建节目按钮，然后在弹出来的窗口直接单击"确定"即可，用户也可以为该节目命名。播放文件中可以包含任意多个节目，删除节目可单击删除节目按钮，移动节目顺序可使用移动按钮、。不同节目里面有不同的文件播放窗，文件播放窗里面的播放文件也可以使用、按钮来改变播放的顺序。

第三步：设定节目选项。

单击新建节目项或者选中节目项，即可设置节目选项，节目选项有播放时间，背景色等，如图 3-52 所示。

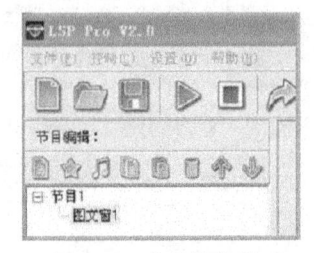

图 3-51　节目操作窗口　　　　　图 3-52　节目设定窗口

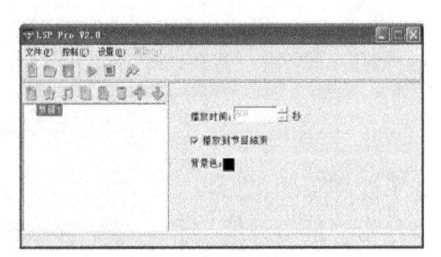

第四步：新建图文窗和时钟窗。

节目还只是一个框架，它可以包含任意多个图文窗和时钟窗（时钟窗通常在一个节目中只放置一个），各个图文窗可同时播放不同的文字、图片、表格、动画、视频等；时钟窗主要使用户可以设置不同格式的时间。

单击新建节目按钮弹出节目选择菜单，如图 3-53 所示，下面分别对两种窗口进行说明。

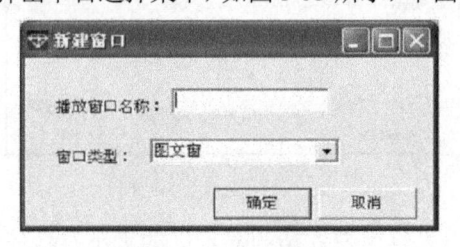

图 3-53　节目选择窗口

图文窗：是最重要的窗口，所支持的文件都在该窗口中播出，该窗口中可添加任意多个文件，所支持的文件种类有数十种之多。

时钟窗：包含显示模拟时钟和数字时钟。

第五步：设定图文窗窗口选项。

图文窗选项窗口如图 3-54 所示。

窗口的名称、窗口高度、窗口宽度、边框颜色、边框宽度、锁定大小等，供用户对节目中的外部特性进行设定。其中图文窗窗口的高度、宽度和坐标等选项也可以在播放窗口中直接用鼠标拖动即可改变。

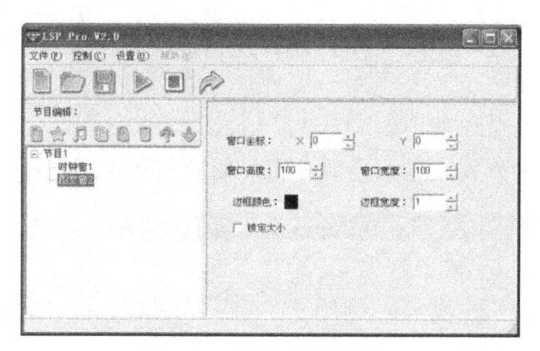

图 3-54 图文窗选项窗口

在图文窗中单击"添加节目内容"按钮 ，就可以在图文窗下添加所要播放的文件，如图 3-55 所示。

用户选择不同的文件，在文件选项窗里会出现相应的设置选项，方便用户设置该播放文件的播放方式、背景图，播放速度等。文件选项窗主要有多种类型，下面分别说明。

"文本文件"选项如图 3-55 所示，可选择背景色、背景图、背景图显示方式、播放方式、文字效果、轮廓色、速度、停留、字体等选项。此窗口主要是针对文件扩展名为"txt"的文件进行播放设置。

"Word 文件"选项如图 3-56 所示，可选择背景色、背景图、背景图显示方式、播放方式、速度、停留等选项。

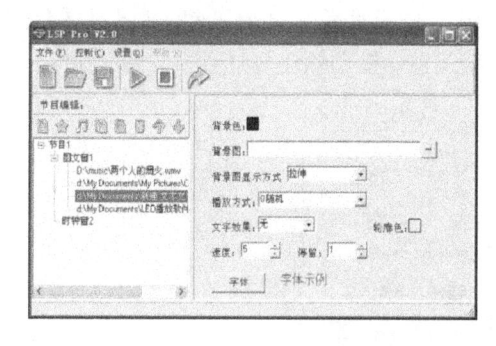

图 3-55 添加文本文件操作窗口 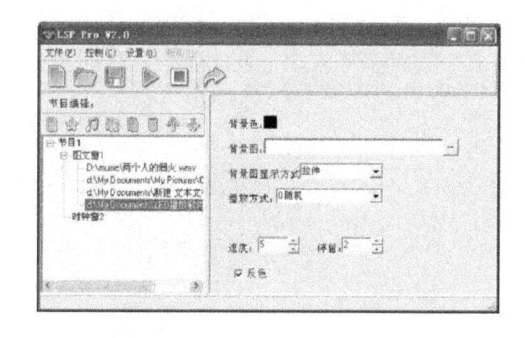　　　　　图 3-56 添加 Word 文件操作窗口

"图片文件"选项如图 3-57 所示，可选择背景色、播放方式、图片显示方式、速度、停留等选项。

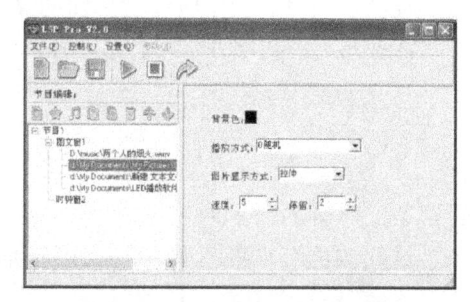

图 3-57 添加图片文件操作窗口 　　　　　图 3-58 添加视频文件（节目）操作窗口

"视频文件"（节目）选项如图 3-58 所示，可选择背景色、背景图、背景图显示方式、视频显示方式等选项。

第六步：设定时钟窗窗口选项。

时钟窗口提供了多种方式来显示当前时间，如图 3-59 所示。

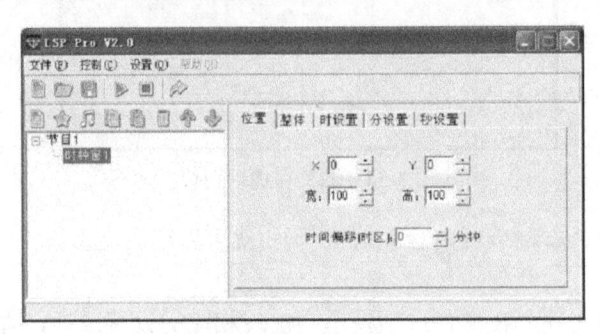

图 3-59 时钟窗设定窗口

时钟窗口有"位置"、"整体"、"时设置"、"分设置"和"秒设置"5 个子窗口。下面分别予以说明。

位置："X"、"Y"用来调节时钟窗窗口的位置，"宽"、"高"用来调节时钟窗的位置和大小，与图文窗的设置相同。其中，时钟窗大小和坐标也可以在播放窗口中用鼠标拖动来改变。"时间偏移（时区）"可以让用户调节显示屏上的时钟。

整体：包含时钟类型、字体、透明、单行显示、显示时间、显示日期、显示星期、日期格式、刻点字体大小、表面颜色、时间颜色、日期颜色、星期颜色等选项，如图 3-60 所示。

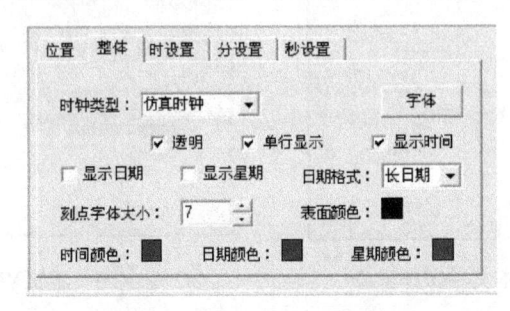

图 3-60 时钟窗整体设定窗口

时钟类型：把时钟显示方式设为模拟时钟或数字时钟，当设为数字时钟时后面的 4 个设置项中除了"时设置"里面的"12 小时显示"和"显示开头的数字 0"两个选项有效外，其他的设置无效。

字体：改变数字时钟模式下数字的字体。

透明：使时钟的底色与播放窗口的底色相同。

单行显示：选中则数字时钟的显示为一行，否则数字时钟的显示为三行，另外，当数字时钟为三行显示时，可用最下面的"时间颜色"、"日期颜色"、"星期颜色"三个选项来设置数字的颜色。

显示时间，显示日期，显示星期：可选择需要显示的数字时钟项，当三个选项全部去除时数字时钟只显示年。

刻点大小：设置模拟时钟表盘里分刻度的大小。

表面颜色：设置模拟时钟表盘的颜色。

第七步：播放文件。

用户在编排好自己所有的播放文件后单击编辑控件中的 ▶ 或者选择菜单的"控制"→"播放"就可以播放了；需要停止播放，单击编辑控件中的 ■ 或者选择菜单的"控制"→"停止"；需要进行后台播放，单击编辑控件中的 或者选择菜单的"控制"→"后台播放"。

复习思考题

1. LED 显示屏的屏体制作时选用点阵单元板需考虑几个因素？
2. LED 显示屏控制器有几种类型？它们之间有什么区别？
3. 16 块双色 16×32LED 单元板组成的一个屏体，其所需的电源功率是多少？
4. LED 显示屏系统软件的作用是什么？

技能训练三　LED 条形屏的组装

1．实训目的

（1）熟悉组成 LED 条形屏的各个模块和配件；
（2）学习各种连接线的制作；
（3）掌握 LED 条形屏各个模块之间的连接方法；
（4）学习利用计算机对条形屏进行控制和显示内容的更新。

2．实训器材

按表 3-7 所示准备 LED 条形屏组装实训器材。

表 3-7　LED 条形屏组装实训器材

序号	名　　称	型号与规格	数　　量
1	LED 显示单元板	单红，ϕ5.00mm，16×32	2 块
2	控制器	条形屏用	1 个
3	电源	LED 显示屏电源（30A）	1 个
4	计算机	自定	1 台
5	数字万用表	自定	1 台
6	电烙铁	35W	1 把
7	排线钳	自定	1 把
8	排线	16（PIN）	2m
9	排线插头	16（PIN）	4 只

续表

序号	名　称	型号与规格	数　　量
10	电源线	1mm², （红、黑）	5m
11	通信线	0.5 mm²（四种颜色）	各2m
12	通信线接头	BD9	2只
13	电工工具	自定	1套

3．实训步骤和内容

（1）数据线的制作。

数据线用于控制器与 LED 点阵单元板及单元板之间的连接，控制器一般采用 16PIN08 接口，其排列顺序如图 3-61 所示。而单元板的接口目前还没有标准，控制器的接口与单元板的接口一致时，制作一根数据线连接即可；当与控制器的接口不一致时，就需要制作一根转换线（转换一下接线的顺序）。

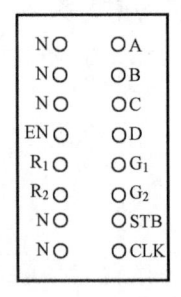

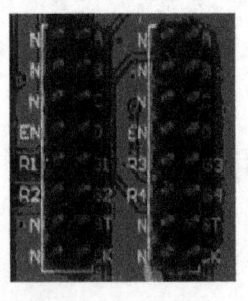

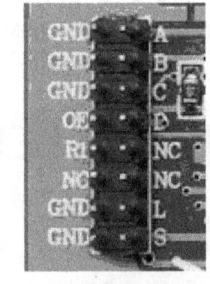

（a）控制器16PIN08接口　　　　　　　　　　（b）单元板数据接口

图 3-61　控制器和单元板数据接口

另外，各接口的标号也不尽相同，常见的有 LA=A；LB=B；LC=C；LD=D；ST=LT=LAT=L；CLK=CK=SK=S；OE=EN；N=GND。

（2）电源线的制作。

电源线分为 220V 电源线和 5V 电源线。220V 电源线用于连接市电和开关电源，最好采用 3 脚插头。这里着重讲述 5V 直流电的电源线，由于 5V 的电流比较大，采用铜芯直径在 1mm 以上的红黑对线（红为正、黑为负）。

（3）控制器与计算机的连接方式，根据控制器的说明书，制作通信线。

（4）如图 3-43 和 3-44 所示，将各部件连接起来。

（5）在计算机上安装控制器配套的控制软件。

（6）在计算机上对 LED 显示屏进行调整和显示演示。

4．问题讨论

（1）画出控制器和点阵单元板的接口示意图，它们之间的顺序是否一致？

（2）能否将两块点阵单元板垂直方向拼接成一个显示屏？这时数据线该如何连接？

（3）写出实训中所用的控制器的主要技术指标，并解释其含义。

项目三 LED屏幕显示系统的组装与调试

项目小结

1. LED采用恒流驱动是一种较为理想的方式。
2. 恒流源电路有分立元件和集成电路两种,集成恒流源在LED的驱动电源中应用更广泛。
3. LED驱动IC有很多类型和型号,根据供电电源和LED负载的不同,选择合适的LED驱动IC。
4. LED显示屏按功能分有图形显示屏、图像显示屏和视频显示屏。
5. LED显示屏利用单片机控制驱动电路并显示字符和图形。
6. LED显示屏主要由点阵显示单元、控制器、电源和计算机(PC)组成。
7. LED显示屏的播放软件是为了让用户方便的使用和操作。

项目三 自我评价

	评价内容	学习目标实现情况
知识目标	1. 了解LED恒流源驱动的优点	☆ ☆ ☆ ☆ ☆
	2. 熟悉集成恒流驱动电路的应用	
	3. 了解LED显示屏的显示原理	
	4. 掌握LED显示屏的基本组成	
	5. 学会点阵显示系统的播放软件的操作	
技能目标	1. 学会恒流源驱动电路的装配	☆ ☆ ☆ ☆ ☆
	2. 学会LED点阵模块的检测方法	
	3. 学会LED条形屏的组装	
学习态度	快乐与兴趣 方法与行为习惯 探索与实践 合作与交流	☺ ☹ ☹
个人体会		

项目四 初识 LED 景观工程

> **项目描述**
>
> 从 LED 夜景工程的发展现状与趋势入手,介绍了 LED 在夜景景观照明工程中的设计与应用,并通过 LED 变色灯的实例,使读者能够对 LED 景观工程有初步的了解,在本项目的最后将介绍 LED 夜景施工组织流程。

LED 照明在我国迅猛发展,已越来越广泛地应用到城市照明领域,如交通信号、应急照明、广告标识、商业步行街、建筑物、城市广场、园林景观等,照明应用范围不断扩大。LED 作为一种由半导体技术制作的电光源被称为 21 世纪新一代光源,因其具有节能、长寿命和环保等优势,人们普遍预测它将替代传统光源。通过 863 攻关等一系列科技计划的支持,我国已初步形成了完整的 LED 产业链。随着国家对 LED 发展的高度重视和我国 LED 产业的快速发展,我国将成为世界 LED 生产主要基地和 LED 照明应用最大国家之一。

任务一 开关型驱动电路分析

LED 灯是一种新型光源,与普通的霓虹灯相比,其特点是不产生光污染和热辐射、耗能低(节能 60%以上,维护成本节约 80%以上),在用电量巨大的景观照明市场中具有很强的竞争力,优势明显,且具有色彩丰富逼真、图形多变等优点,目前,已被不少大城市用来装饰街道和标志性建筑物。

一、LED 夜景工程

1. LED 夜景工程发展现状及趋势

近几年,随着技术的突破、应用的拓展,发光二极管(LED)半导体在城市景观照明中的应用也越来越多。半导体照明符合现代社会对城市景观照明的新要求,即环保、节能、经济及光色变化。因此,作为新型半导体光源正成为景观照明中最佳选择的光源之一。

虽然 LED 是近几年才开始在夜景工程中加以运用的,但其应用的范围却是呈显著扩大的态势。从最初的作为装饰性灯具到现在用做投光功能性灯具。半导体随着制造技术的飞速进步也覆盖了越来越多的景观照明领域,建筑外立面照明、广场指示性照明、道路景观照明、绿化照明、水下照明都已有半导体的身影,甚至在道路照明领域也出现了非常出色的半导体产品。可以说,LED 已全面进入城市景观照明领域。

项目四
初识 LED 景观工程

半导体照明俨然已成为当今最新照明科技的代名词，人们争相使用半导体灯具进行夜景照明。在短短的几年里涌现出了相当数量的 LED 照明工程，出现了许多高质量水准的半导体照明工程，实际应用效果也较为理想。然而，同时也出现了一些半导体照明工程，由于产品质量、设计水平等环节的问题，最终效果差强人意，不但破坏了城市夜景观，造成了光污染，甚至由此使人们对 LED 照明本身产生了质疑。

发展半导体照明在节能、环保和建设节约型社会的重要战略意义正逐渐成为共识，世界各国均加大投入，将 LED 通用照明作为未来国家能源战略的重点。我国也将把半导体照明作为一个重大工程进行推动。"十五"期间，我国半导体照明领域的研究目标主要放在培育 LED 产业链上。目前，我国在半导体照明领域已经初步形成从外延片生产、芯片制备和器件封装集成应用的比较完整的产业链。然而，由于半导体景观照明不同于半导体照明的其他领域，它对最终的实施效果有艺术化的要求，这就涉及如何设计和使用的问题。国家高技术研究发展计划（863 计划）新材料技术领域重大项目"半导体照明工程"专门提出了"半导体照明规模化系统集成技术研究"的方向，提出了依托北京奥运、上海世博等重大工程，形成半导体景观照明集成应用成套技术，制定 LED 器件产品技术规范、LED 夜景工程监理规程、施工验收技术规范等景观照明技术与测试规范，促进国家级测试平台建立的构想。相信通过这一系列的措施，我国的半导体景观照明的设计和应用水平将稳步提高。

2. LED 景观照明的设计与应用

LED 是一种新型光源，代表着最新的照明科技。因此，使用 LED 照明目前似乎正逐渐成为一种最为时髦的做法，似乎用了 LED 就贴上了科技领先的标签。然而，不考虑建筑原有风格形态，盲目使用 LED 照明，一味追求色彩变化也成为许多建筑照明设计的通病。

现代建筑立面设计通常强调大块面的组合，通过匀质肌理的面来形成体量。在现代建筑匀质的面上使用自发光的 LED 能起到丰富立面表情的效果，对于那些不宜使用投光照明的玻璃幕墙建筑来说就更不失为一种夜景照明的好方法。然而古典主义建筑的形体设计手法恰恰相反，它们的表面由丰富的、立体的细部构成，具有强烈的立体感和层次感，并形成体块间的对比关系，强调建筑的体量感和稳重感。如果在这样的建筑立面上安装 LED 线状装饰带或 LED 发光点，那么，虽然 LED 本身色彩的变化和动感很是绚烂，但却破坏了原有建筑的体量感和立体感，将建筑划分成琐碎的部分，构成视觉上多余的构图叠加，反而影响了建筑的细节表现，失去其原有的魅力。如此一来，建筑照明没能恰如其分地成为建筑物有机的组成部分再现建筑的美感，再璀璨的"灯饰"最终也只能成为建筑立面上的大广告。

LED 是最新的光源，但并不是万能的光源，和其他光源相比虽有很大的优势，同时也有劣势。例如，LED 的芯片技术决定了每个 LED 的光色多少都有所差别，以目前的技术在一些对光色统一性要求很高的场合，如博物馆、美术馆的展示照明就不宜采用。LED 灯具彩色光的形成多通过红、绿、蓝三种 LED 混光来实现，因而在不需要全彩变色的场合，色彩效果反而不如传统灯具加滤镜，其发光强度有限，很难照亮较远的目标，因而在更多的场合投光灯的光源还是高强气体灯更为合适。因其价格昂贵易受到经济预算的限制，在其他传统光源也能实现设计方案的情况下就没必要再执意使用 LED 了。

LED灯具色彩可变、易于控制是其优于其他种类光源和灯具的特性。因此，在实际的工程中采用LED时大多会选择利用这一特性，设计变色的照明效果。然而在目前使用LED技术的照明工程实例中，大多数的项目都将LED进行全光谱变化却完全没有在色彩、图式的变化上进行过艺术性设计，或是简单地形成所谓的彩虹追逐效果，或是形成一些简单的超大尺度的图释，这样既没创意也缺乏艺术的色彩变化。此外，LED色彩变化的频率和速度也是应该进行设计的内容。变化过快的色彩方案，容易造成视觉疲劳，缺乏设计的图形色彩更会导致观者的烦躁情绪。尤其在一些重要的交通节点，频繁闪烁变化的LED照明，甚至会影响到道路的交通安全。另外，是否使用LED就一定要其变色呢？这个问题也是很值得商榷的。有些建筑的功能和属性决定其并不适合色彩变化，如政务大楼、文化教育建筑等。某些建筑部位也不适合色彩变化的照明，如一些文字信息的部位就会因为光色的变化使得信息的传达产生阻碍，照明工具也由此失去了它的最基本的功能。LED除了变色还有其他的优势，如寿命长、能耗低，这些同样可成为选用LED的理由。

LED技术在近两年发展得非常快，LED发光效率也大幅度地提高。高亮度、超高亮度的LED都已广泛运用到实际工程中。但同样值得反思的是并不是LED亮度越高就越好。我们知道人的眼睛对光线明暗的感知是和环境对比有关的，同样的亮度在较暗的背景中会显得比在较亮背景中更亮，因此，应根据LED灯具所在环境的亮度来选择更为合理的灯具表面亮度。这样说来，即便是处在环境亮度较高的商业娱乐空间，装饰类LED灯具也不一定需要选用超高亮度的LED。除非是安装在高层建筑的立面，考虑到其视看距离较远，可以适当提高亮度。否则，一味追求高亮度，不但容易造成眩光，也会产生视觉的不适，不利于建筑的夜间表现。

3. LED景观工程应用实例

（1）水立方

水立方构成世界上最大的半导体照明工程，水立方艺术灯光成为全球标志性的景观灯光项目，成为大功率LED应用领域的里程碑，也成为LED分布式控制领域的里程碑。水立方景观如图4-1所示。它包括47万粒大功率LED的光源、37000套三维可旋转LED灯具、拥有57000个结点的庞大控制网络（支持IPV6）、53277m^2的LED照明面积、1600万种色彩实时控制。值得一提的是，水立方艺术灯光景观是由中国设计师独立设计、中国工程师独立实现的一项重大工程，是科技奥运、人文奥运、绿色奥运理念的卓越典范。同时，水立方婀娜多姿的夜景也成就了奥运会的艺术地位，科技与艺术的融合使得整个奥运广场更具活力。

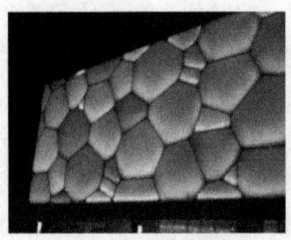

（a）水立方外观 　　　（b）水立方近照

图4-1　水立方

（2）上海东方明珠电视塔

东方明珠电视塔是国内第一家使用 LED 高效节能灯的建筑，如图 4-2 所示。其共有 576 个光导点，如今全部被改造成 LED 灯。改造前，每个光导点耗电量为 200W，改造后，每个光导点的耗电量下降为 70W，仅这一项改造就节约了 65% 的耗电，加上控制系统和其他泛光灯具的改进，初步计算比原先节省了近 75% 的用电量。其发光体的直径达到篮球横截面那么大，一套光源的功率却仅有 50W，发光效果要好得多，仅此一项就将东方明珠灯光的总功率降低了一百多千瓦。东方明珠每晚省下来的这些电，可供 800 多户居民每天使用 4h。

（a）远景　　　　　（b）近照

图 4-2　上海东方明珠电视塔

（3）费城艺术大道

费城艺术大道如图 4-3 所示，可变换颜色的 LED 照明灯将整个街景变成了一幅绚丽的画卷，LED 泛光照明灯具为建筑营造出变幻多彩的动态效果。

（a）街道夜景　　　　　（b）建筑外观

图 4-3　费城艺术大道

（4）杭州运河

LED 景观照明系统为杭州运河改造工程注入了水墨般飘逸的灵性，更好地呈现出具有 2400 多年历史的古老运河的文化个性和独特景致，杭州运河景观如图 4-4 所示。

(a) 沿河景色

(b) 河边渡船

图 4-4　杭州运河景观

(5) 英国伦敦眼

伦敦眼如图 4-5 所示，是伦敦最吸引人的观光点，它座落在伦敦泰晤士河河畔。伦敦眼将会永久成为伦敦的地标。高 135 米的伦敦眼是为了庆祝公元 2000 年的到来而兴建的。每天大约接待 10000 名游客。伦敦眼以前的照明是通过荧光灯实现的，照明成本高，维护困难，而且需要手动安装滤色片才能实现彩色照明。现在，伦敦眼的荧光灯具已经被替换成 LED 灯具，整个照明工程共安装了 643 套照明单元。其中，每个单元都可以轻易实现几百万种颜色的变换，能够根据不同氛围的要求创造出合适的照明效果。

(a) 轮廓 　　　　　　(b) 绚丽多彩

图 4-5　伦敦眼

(6) 厦门中闽大厦

厦门中闽大厦如图 4-6 所示，位于厦门市湖滨北路，厦门市市政府斜对面 40 层的高楼，建筑面积 $70km^2$，呈长方形，属于筼筜湖景观之一。LED 夜景设计采用蓝色 LED 护栏管勾边，点状 LED 灯点缀楼面，蓝橙色形成鲜明的对比色，不变色、不闪跳，呈现出大厦的壮观、肃静、高雅、华丽，给人震撼和美的享受，与周边的市人民政府、人民大会堂 LED 夜

景形成庄严、高贵的建筑群。中闽大厦被评为厦门市十佳夜景工程的第一名。与泛光灯工程比较,灯具造价相差不多,但可节电 48.5%,日常维护费节省 60%。

图 4-6 厦门中闽大厦

二、开关电源驱动电路

1. 开关电源驱动的基本构成和原理

驱动器是点亮 LED 中必不可少的部件,其性能的优劣直接影响到 LED 的技术性能和可靠性。目前,驱动 LED 中常用的直流稳压电源主要有线性电源和开关电源两类。根据调整管的工作状态,常把稳压电源分成两类,线性稳压电源和开关稳压电源。线性稳压电源,是指调整管工作在线性状态下的稳压电源,也称串联调整式稳压电源。其稳压性能好,输出纹波电压很小,但必须使用工频变压器与市电电网隔离,该变压器不仅体积大,而且质量重,加之其电压调整管的功率损耗较大,使这类电源无法实现轻型化、小型化和高效化。从而,使电源成为 LED 照明设备轻型化、小型化和高效化发展的主要障碍。

而在开关电源中开关管(在开关电源中,一般把调整管叫做开关管)是工作在开、关两种状态下的:开——电阻很小;关——电阻很大。且无需工频变压器,而只用体积很小的高频变压器即可实现电源与市电电网的隔离,而且其内部关键元器件工作在开关状态,因此功耗很低,电源效率可高达 80%~90%,比线性电源提高近一倍。此外,开关电源工作在高频,采用的滤波元件和散热器的体积也很小,所有这些都决定了开关电源驱动是一种高效率、高可靠性、小型化、轻型化的供电方式。因此,发展开关电源驱动 LED 也成为重要的一种方式。

(1)开关电源驱动的基本构成与原理

① 基本构成。如图 4-7 所示是开关电源电路的典型结构。它主要由整流滤波电路、DC-DC 变换器、开关占空比控制电路及取样比较电路等模块构成。

② 基本工作原理。输入的交流电(市电)首先经整流滤波电路形成直流电压 U_s,该直流电压 U_s 再经由图 4-8 所示 U_C 波形控制的电子开关电路控制的通、断状态后,变换成脉冲状交流电压 U_o。U_s 再经电感、电容等储能元件构成的整流滤波电路平滑后,输出直流电压 U_o。

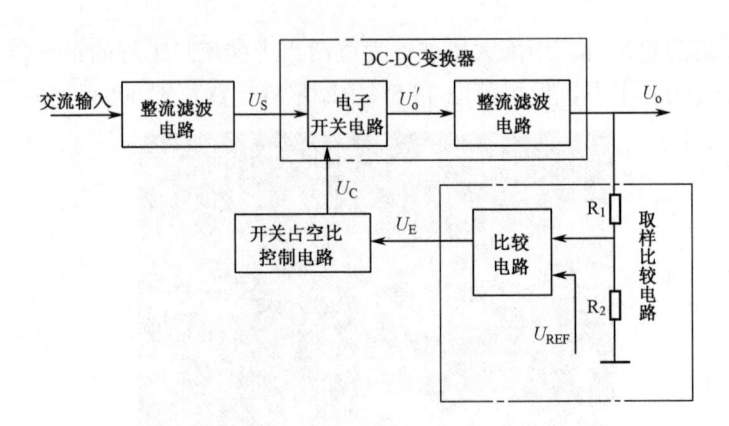

图 4-7 开关电源的典型结构

显然，输出直流电压 U_o 的大小取决于脉冲状交流电压 U_o' 的有效值大小（成正比），而 U_o' 的有效值又与开关的导通占空比

$$D=T_{ON}/T（其中 T=T_{ON}+T_{OFF}）$$

成正比。此外，通过取样比较电路中的取样电阻 R_1、R_2，对输出电压 U_o 取样，并使之与基准电压 U_{REF} 进行比较，若取样电压高于 U_{REF}，则比较电路输出 $-U_F$，控制占空比可以控制电路，使 $T_{ON}/T↓$，从而使 $U_o↓$；若取样电压低于 U_{REF}，则输出 $+U_F$，使 $T_{ON}/T↑$，从而使 $U_o↑$，这样就可使开关电源的输出电压 U_o 稳定在一个恒定值上。

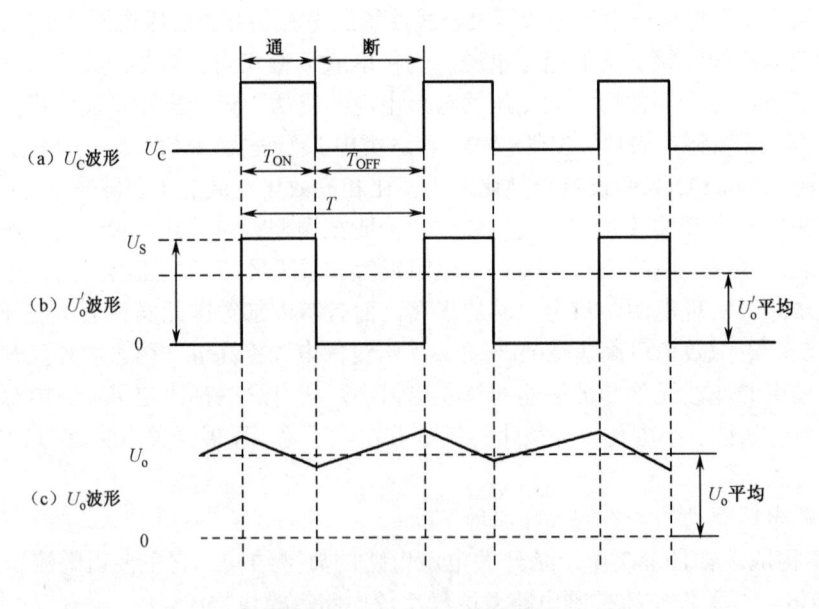

图 4-8 开关电源工作波形图

（2）开关电源的优点

开关电源具有功耗小效率高、体积小重量轻、稳压范围宽、电路形式灵活等多方面的优点。

① 功耗小、效率高、工作可靠稳定。在开关电源电路中，电子开关在控制信号 U_c 的

控制下,交替地工作在导通—截止和截止—导通的开关状态,转换速度很快,频率一般为 50kHz,甚至高达 MHz 级。这使得开关器件的功耗很小,电源效率可大幅度提高,通常可达 80%以上。而功耗小使得电子设备内温升也低,周围元器件不会因长期工作在高温环境下而损坏,有利于提高整个电子设备的可靠性和稳定性。

② 体积小、重量轻。开关电源由于没有采用笨重的工频变压器,加之开关器件的功耗大幅度降低后,又不需加装散热片。此外,由于开关电源的滤波效率大为提高,使滤波电容的容量和体积大为减小,所有这些因素都使得开关电源的占地空间和重量大幅度下降。

③ 稳压范围宽,适用范围广。开关电源的输出电压是由开关控制信号的占空比来调节的,输入信号电压的变化可通过调频或调宽进行补偿,因此,在工频电网电压变化较大时,它仍然能保证有较稳定的输出电压。一般情况下,当输入交流电压在 150~250V 范围内变化时,开关电源都能达到很好的稳压效果,输出电压变化在 2%以内。而且在输入电压发生变化时,始终能保持稳压电路的高效率,因此,开关电源能适用于电网电压波动较大的地区。

④ 安全可靠。开关电源一般都设有自动保护电路,当稳压电路、高压电路、负载等出现故障甚至短路时,这些自动保护电路能自动切断电源,其保护功能灵敏、可靠。

⑤ 电路形式灵活多样、设计简便。开关电源的电路形式多种多样,这就为设计者根据应用需要和各款开关电源电路的特点,灵活选择。

(3) PWM 控制电路

① 基本构成。如图 4-9(a)所示是脉冲宽度调制(PWM)控制电路的典型结构,由以下几部分组成:

a. 基准电压稳压器,提供一个供输出电压进行比较的稳定电压和一个内部 IC 电路的电源。

b. 振荡器,为 PWM 比较器提供一个锯齿波和与该锯齿波同步的驱动脉冲控制电路的输出。

c. 误差放大器,使电源输出电压与基准电压进行比较。

d. 脉冲倒相电路,以正确的时序使输出晶体管导通,振荡频率由外部电容(C_{EXT})和电阻(R_{EXT})决定。

② 基本原理。PWM 控制电路工作波形如图 4-9(b)所示,输出晶体管(这种情况下假设为 VT_1)在锯齿波的起始点(t_1)被导通。由于锯齿波电压比误差放大器输出低,所以 PWM 比较器的输出较高,因为同步信号已在斜坡电压的起始点使倒相电路工作,所以脉冲倒相电路将这个高电位输出耦合到 VT_1,当斜坡电压比误差放大器的输出高时,PWM 比较器的输出电压下降,通过脉冲倒相电路使 VT_1 截止,下一个斜坡周期则重复这个过程,不过,这时脉冲倒相电路将 PWM 的高电位输出耦合到 VT_2,如果电源电压下降,则输出电压的取样将下降而低于基准电压变得比误差放大器的输出高的时间更长,从而延长每个晶体管的导通时间,大部分 PWM 稳压器具有一个约为脉冲周期 5%的最小死区时间,且可以由外部电阻或电压分压器来设定更长的死区时间。

(a) 典型结构　　(b) 工作波形

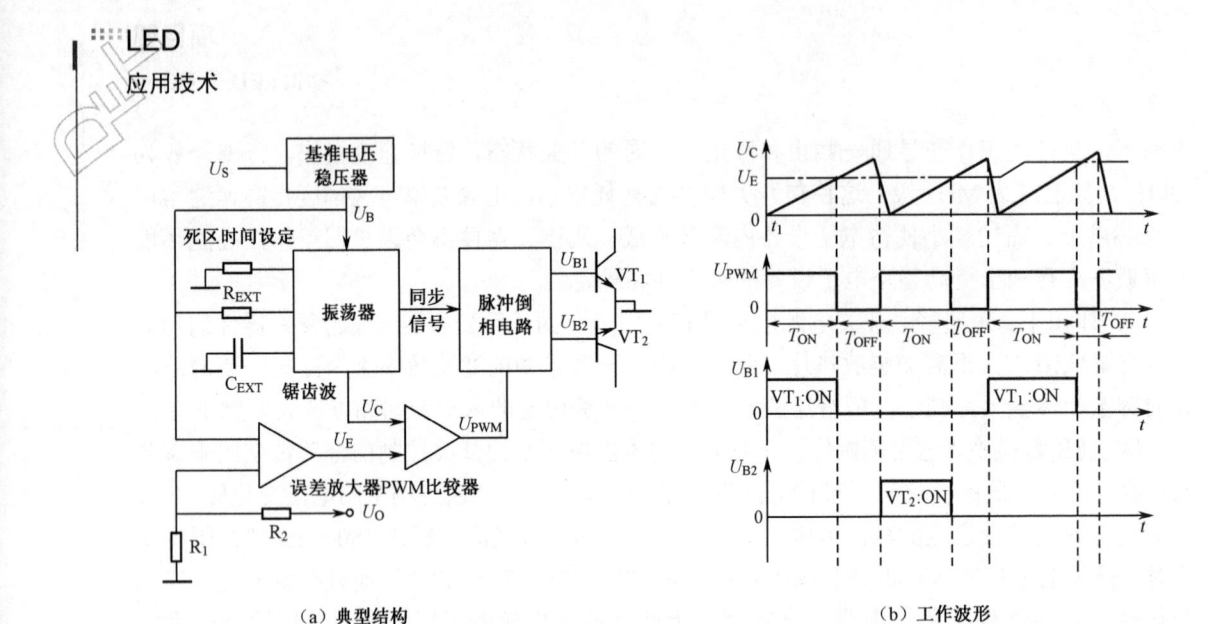

图 4-9　PWM 控制电路

2. 双端驱动集成电路 TL494 及其应用

TL494 为双端输出的 PWM 脉冲控制驱动器,总体结构比同类集成电路 SG3524 更完善。TL494 内部有两组误差放大器,以及由 PWM 比较器组成的主控系统、精度为（5±0.25）V 的基准电压输出。其两组时序不同的驱动脉冲输出端,内置发射极和集电极开路驱动缓冲器,以便于驱动 NPN、PNP 双极型开关管或 N 沟道、P 沟道 MOSFET 管。TL494 内部电路框图如图 4-10 所示。

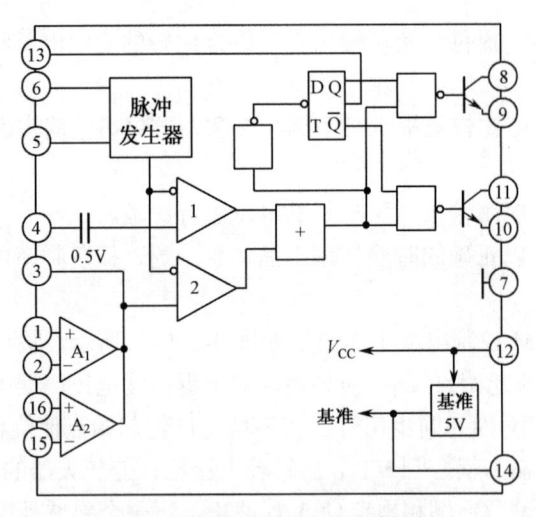

图 4-10　TL494 内部电路框图

TL494 内部电路功能、特点及应用方法如下：

（1）内置 RC 定时电路设定频率的独立锯齿波振荡器,其振荡频率 $f=1.2/RC$,其最高振荡频率可达 300kHz,既能驱动双极型开关管,也能驱动 MOSFET 管。

（2）内部设有比较器组成的死区时间控制电路,用外加电压控制比较器的输出电平,通过其输出电平使触发器翻转换，控制两路输出之间的死区时间，当 4 引脚输出电平升高时死区时间增大。

（3）触发器的两路输出设有控制电路，使 Q_1、Q_2 既可输出双端时序不同的驱动脉冲，驱动推挽开关电路和半桥开关电路，也可输出同相序的单端驱动脉冲，驱动单端开关电路。

（4）内部两组完全相同的误差放大器，其同相输入端和反相输入端均被引出芯片外，因此可以自由设定其基准电压，以方便用于稳压取样，或用其中一种作为过压、过流的超阈值保护。

（5）输出驱动电流单端达到 400mA，能直接驱动峰值开关电流达 5A 的开关电路。双端输出为 2×200mA，加入驱动级即能驱动近千瓦的推挽式和半桥式电路。若用于驱动 MOSFET 管，则需另加入灌流驱动电路。

TL494 的各脚功能及参数如下：

1 和 16 引脚为误差放大器 A_1、A_2 的同相输入端。最高输入电压不超过 V_{CC}+0.3V。

2 和 15 引脚为误差放大器 A_1、A_2 的反相输入端。可接入误差检出的基准电压。

3 引脚为误差放大器 A_1、A_2 的输出端。集成电路内部用于控制 PWM 比较器的同相输入端，当 A_1、A_2 任一输出电压升高时，控制 PWM 比较器的输出脉宽减小。同时，该输出端还引出端外，以便与 2、15 引脚间接入，RC 频率校正电路和直流负反馈电路，一则稳定误差放大器的增益，二则防止其高频自激。另外，3 引脚电压反比于输出脉宽，也可利用该端功能实现高电平保护。

4 引脚为死区时间控制端。当外加 1V 以下的电压时，死区时间与外加电压成正比。如果电压超过 1V，那么内部比较器将关断触发器的输出脉冲。

5 引脚为锯齿波振荡器外接定时电容端。

6 引脚为锯齿波振荡器外接定时电阻端，一般用于驱动双极型三极管时需限制振荡频率小于 40kHz。

7 引脚为共地端。

8 和 11 引脚为两路驱动放大器 NPN 管的集电极开路输出端。当通过外接负载电阻引出输出脉冲时，有两路时序不同的倒相输出，脉冲极性为负极性，适合驱动 P 型双极型开关管或 P 沟道 MOSFET 管。此时两管发射极接共地。

9 和 11 引脚为两路驱动放大器的发射极开路输出端。当 3、9 引脚接 V_{CC}，在 9、10 引脚接入发射极负载电阻到地时，输出为两路正极性输出脉冲，适合于驱动 N 型双极型开关管或 N 沟道 MOSFET 管。

12 引脚为 V_{CC} 输入端。供电范围为 8～40V。

13 引脚为输出模式控制端。外接 5V 高电平时为双端输出，用以驱动各种推挽开关电路。接地时为两路同相位驱动脉冲输出，8、10 脚和 9、10 脚可直接并联。双端输出时最大驱动电流为 2×200 mA，并联运用时最大驱动电流为 400mA。

14 引脚为内部基准电压精密稳压电路端。输出（5+0.25）V 的基准电压，最大负载电流为 10mA。用于误差检出基准电压和控制模式的控制电压。

TL494 的极限参数：最高瞬间工作电压（12 引脚）42V，最大输出电流为 250mA。

微机主机开关电源向主机提供±5V 和±12V 的电源,根据计算机主机的不同,要求输出功率在 150~300W 之间。采用 TL494 作为驱动器,可以直接驱动开关电源的开关变换器,而无须驱动放大级。

3. LED 驱动电路的拓扑结构

220V AC 经变压、整流、滤波后用三端稳压器稳压就能得到想要的电流和电压,这种电源的特点是电压的尖峰和纹波比较小,脉动系数比较小,但有一个致命的缺点是不能提供大电流,十几毫安或者几毫安还是可以的,上了几安或者几十安,甚至上百安是绝对不能提供的,因此,这种线性调节器驱动技术在用于低功率的普通 LED 驱动时,由于电流只有几毫安,因此损耗不明显,而当用做电流有几百毫安甚至更高的高亮 LED 的驱动时,功率电路的损耗就成了比较严重的问题。例如,花园路径照明或者 MR16 杯灯常常只需要一些甚至只要一个 LED。对于低压应用来说,最通用的电压是 12V DC、24V DC 和 12V AC。但是在 LED 照明应用中,随着 LED 数量的增加,设计者们不再满足于手电筒或者单个杯灯应用,而把目光投到大尺寸通用照明和达到几千流明的照明系统。例如街灯、公寓和商业照明、体育场照明和建筑内外装饰照明等。这时,驱动电路的选择就显得尤为重要了。

开关电源是目前能量变换中效率最高的,可以达到 90%以上。Buck、Boost 和 Buck-Boost 等功率变换器都可以用于 LED 的驱动,只是为了满足 LED 驱动,采用检测输出电流而不是检测输出电压进行反馈控制。下面重点介绍这三种拓扑结构。

开关电源一般有 Buck 型(降压型),Boost 型(升压型),还有很少用到的 Buck-Boost 型(降压-升压型),当然还有其他几种结构,在这里就不做详细介绍,如 SEPIC、Flyback 等。Buck 型开关电源就是降压到自己需要的电压,其基本构造一般是大功率开关管(比如大功率 MOS 管,一般都用 MOS 管,还有专门的 POWER MOS)与负载串联构成。Boost 型一般是与负载并联而成的,早期的开关电源利用开关管的线性区,通过改变 MOS 管导通电阻的大小来改变其上的电压差,根据电阻分压原理,从而改变负载上的电压,从输出电压端采样电压后反馈到前级来有效控制 MOS 管的导通电阻,从而来获得稳定的输出电压。这种方式在 20 世纪 60 年代很流行,但这种的效率还是很低,于是随后出现了 MOS 管工作在非线性区即开关状态下的开关电源,正是 MOS 管的开和断,开关电源才因此而得名。表 4-1 所示的是三种拓扑结构输入/输出电压的关系。

表 4-1　三种拓扑的输入输出电压关系

拓扑结构	输入电压总大于输出电压	输出电压总大于输入电压	输入电压小于输出电压和输入电压大于输出电压
降压型	√		
升压型		√	
降压-升压型			√

表 4-2 所示说明了三种拓扑结构的典型应用。

表 4-2 三种拓扑的典型应用

拓扑结构	典型应用
降压型	车载、标牌、投影仪、建筑
升压型	车载、LCD 背光、手电筒（闪光灯）
降压-升压型	医疗、车载照明灯、手电筒（闪光灯）、紧急照明灯、标牌

（1）Buck 型开关电源的基本工作原理

对于 AC-DC 的 Buck 型开关电源，前级经变压器降压、全波整流和滤波后加续流肖特基和 LC 滤波电路，以便得到尖峰和纹波更小的输出电压，电感和电容的值不能太小，否则开关电源会设计失败，在输出端需要加电阻来采样电压，然后反馈到误差放大器，误差放大器输出的电压与锯齿波构成电压比较器，输出方波，然后加驱动电路，也叫 PWM 驱动电路，控制开关管，来及时调节导通和关断的时间比，输出稳定的电压。这就是 Buck 型开关电源的基本工作原理，这种电源的效率基本可以达到 70%～80%，如果能有效控制电网电压的波动范围，效率还可以提高，现在基本上比较好的电源的电网电压波动可以做到±5%（这就涉及变压器技术）。

对于 DC-DC 的 Buck 型开关电源，效率可以更高，比如蓄电池供电，去点亮大功率 LED，这时就需要驱动电路，也叫 LED 驱动模块。而驱动电路就是基于开关电源技术的，由于是直流输入，输入电压的波动范围比交流输入的波动范围要小得多，所以效率可以高达 90%。在我们国家市电是 220V，50Hz，所用的变压器叫做工频变压器，有的国家市电是 110V，60Hz，那么工频变压器在这就不适用了，因此出现了高频变压器和低频变压器，所以变压器技术在此也很关键。

如图 4-11（a）所示，降压稳压器会通过改变 MOSFET 的开启时间来控制电流进入 LED。电流感应可通过测量电阻器两端的电压获得，其中该电阻器应与 LED 串联。对该方法来说，重要的设计难题是如何驱动 MOSFET。从性价比的角度来说，推荐使用需要浮动栅极驱动的 N 通道场效应晶体管（FET）。这需要一个驱动变压器或浮动驱动电路（其可用于维持内部电压高于输入电压）。

如图 4-11（b）所示为备选的降压稳压器（Buck 2#）。在此电路中，MOSFET 对接地进行驱动，从而大大降低了驱动电路要求。该电路可选择通过监测 FET 电流或与 LED 串联的电流感应电阻来感应 LED 电流。后者需要一个电平移位电路来获得电源接地的信息，但这会使简单的设计复杂化。

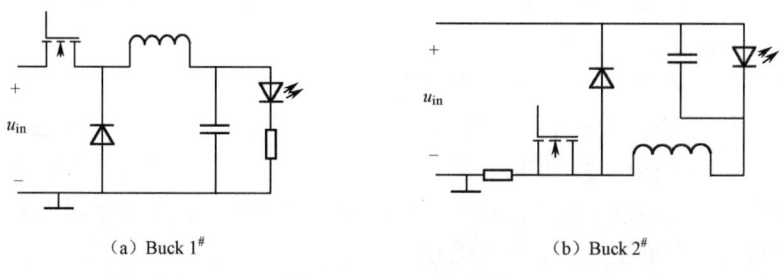

(a) Buck 1#

(b) Buck 2#

图 4-11 Buck 电路图

当然，也可以用简单的电路图来介绍降压型开关电源的工作原理。如图 4-12 所示，电路由开关 S（实际电路中为三极管或者场效应管），续流二极管 VD，储能电感 L，滤波电容 C 等构成。

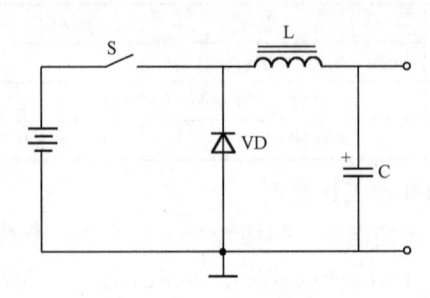

图 4-12　降压型开关电源

当开关闭合时，电源通过开关 S、电感 L 给负载供电，并将部分电能储存在电感 L 及电容 C 中。由于电感 L 的自感，在开关接通后，电流增大得比较缓慢，即输出不能立刻达到电源电压值。一定时间后，开关断开，由于电感 L 的自感作用（可以比较形象地认为电感中的电流有惯性作用），将保持电路中的电流不变，即电流还将从左往右继续流动。电流流过负载，从地线返回，流到续流二极管 VD 的正极，经过二极管 VD，返回电感 L 的左端，从而形成了一个回路。通过控制开关闭合跟断开的时间（即 PWM——脉冲宽度调制），就可以控制输出电压。通过检测输出电压来控制开、关的时间，以保持输出电压不变，这就实现了稳压的目的。

（2）Boost 型开关电源的基本工作原理

Boost 是一种开关直流升压电路，它的输出电压可以比输入电压高。基本电路如图 4-13 所示。

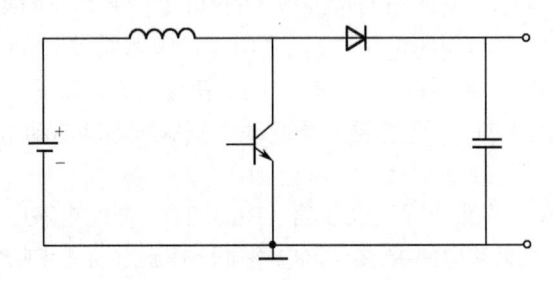

图 4-13　Boost 基本电路图

假定开关（三极管或者 MOS 管）已经断开了很长时间，所有的元件都处于理想状态，电容电压等于输入电压。

下面要分充电和放电两个部分来说明这个电路。

① 充电过程。在充电过程中，开关闭合（三极管导通），等效电路如图 4-14 所示，开关（三极管）处用导线代替。这时，输入电压流过电感。二极管防止电容对地放电。由于输入是直流电，所以电感上的电流以一定的比率线性增加，这个比率跟电感大小有关。随着电感电流增加，电感里储存了一些能量。

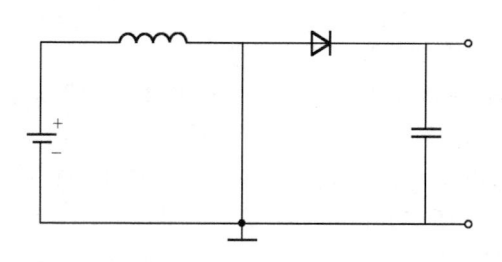

图 4-14 充电过程

② 放电过程。如图 4-15 所示，这是当开关断开（三极管截止）时的等效电路。当开关断开（三极管截止）时，由于电感的电流保持特性，流经电感的电流不会马上变为 0，而是缓慢地由充电完毕时的值变为 0。而原来的电路已断开，于是电感只能通过新电路放电，即电感开始给电容充电，电容两端电压升高，此时电压已经高于输入电压了，升压完毕。

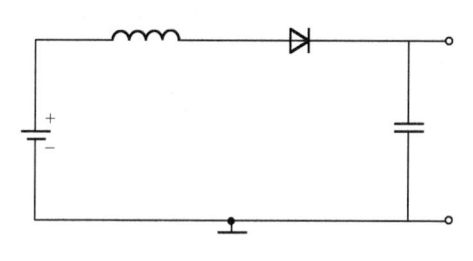

图 4-15 放电过程

说起来升压过程就是一个电感的能量传递过程。充电时，电感吸收能量，放电时电感放出能量。如果电容量足够大，那么在输出端就可以在放电过程中保持一个持续的电流。如果这个通断的过程不断重复，就可以在电容两端得到高于输入电压的电压。

另外，制约功率和效率的瓶颈在开关管、整流管及其他损耗（含电感上）。开关管导通时，电源经由电感—开关管形成回路，电流在电感中转化为磁能储存；开关管关断时，电感中的磁能转化为电能在电感端左负右正，此电压叠加在电源正端，经由二极管—负载形成回路，完成升压功能。既然如此，提高转换效率就要从三个方面着手，第一是尽可能降低开关管导通时回路的阻抗，使电能尽可能多地转化为磁能。第二是尽可能降低负载回路的阻抗，使磁能尽可能多地转化为电能，同时回路的损耗最低。第三是尽可能降低控制电路的消耗，因为对于转换来说，控制电路的消耗某种意义上是浪费的，不能转化为负载上的能量。

如图 4-16 所示为一个升压转换器驱动 LED 的原理图，该转换器可在输出电压总是大于输入电压时使用。由于 MOSFET 对接地进行驱动且电流感应电阻也采用接地参考，因此此类拓扑设计起来就很容易。该电路的一个不足之处是在短路期间，通过电感器的电流会毫无限制。可以通过保险丝或电子断路器的形式来增加故障保护。此外，某些更为复杂的拓扑也可提供此类保护。

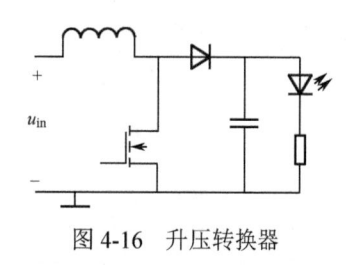

图 4-16 升压转换器

（3）Buck-Boost 型开关电源的基本工作原理

任何拓扑的 Buck-Boost 调节器与 Buck 调节器或 Boost 调节器的最基本的区别是 Buck-Boost 从来没有把输入供电直接连接到输出。在一部分转换环中，Buck 和 Boost 调节器把 U_{IN} 连接到 U_O（通过电感和开关或二极管），这样直接连接使它们更有效率。

所有的 Buck-Boost 都把所有要传送给负载的能量储存在磁场（电感或变压器）或者电场（电容）中，这样就导致了电源转换中的高峰值电流或者更高电压。特别要考虑在输入电压和输出电压的拐点处，这是因为峰值转换电流是发生在 $U_{IN\text{-}MIN}$ 和 $U_{O\text{-}MAX}$ 时刻，而峰值转换电压是发生在 $U_{IN\text{-}MAX}$ 和 $U_{O\text{-}MAX}$ 时刻。一般来说，这意味着拥有这样输出功率的 Buck-Boost 调节器要比一个同样输出功率的 Buck 或 Boost 调节器更大且效率更低。

如图 4-17 所示为两种降压-升压型电路，该电路可在输入电压和输出电压相比时高时低时使用。两者具有相同的折衷特性（其中折衷可在有关电流感应电阻和栅极驱动位置的两个降压型拓扑中显现）。图中降压-升压型拓扑为一个接地参考的栅极驱动。它需要一个电平移位的电流感应信号，但是该反向降压-升压型电路具有一个接地参考的电流感应和电平移位的栅极驱动。如果控制 IC 与负输出有关，且电流感应电阻和 LED 可交换，那么该反向降压-升压型电路就能以非常有用的方式进行配置。适当的控制 IC，就能直接测量输出电流，且 MOSFET 也可被直接驱动。

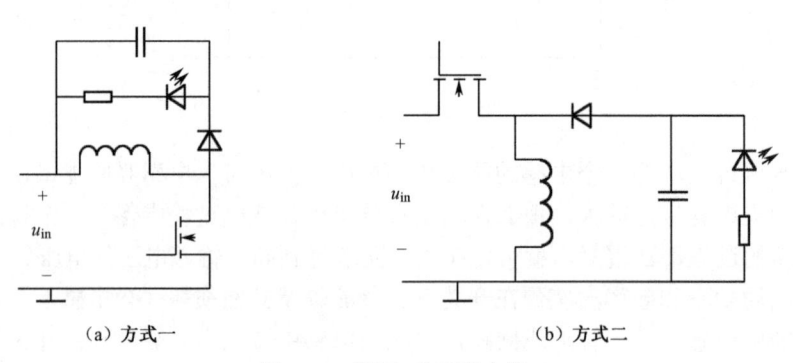

(a) 方式一　　(b) 方式二

图 4-17　降压-升压型电路

该降压-升压方法的一个缺陷是电流非常高。例如，当输入和输出电压相同时，电感和电源开关电流则为输出电流的两倍。这会对效率和功耗产生负面的影响。在许多情况下，如图 4-18 所示的"降压或升压型"拓扑将缓和这些问题。在该电路中，降压功率级之后是一个升压电路。如果输入电压高于输出电压，则在升压级刚好通电时，降压级会进行电压调节。如果输入电压小于输出电压，则升压级会进行调节而降压级则通电。通常要为升压和降压操作预留一些重叠，因此从一个模型转到另一模型时就不存在静态。

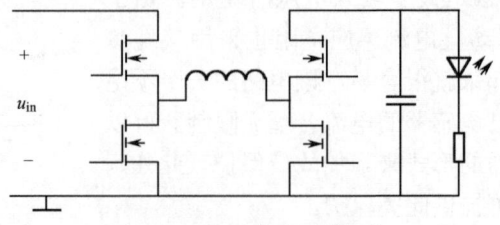

图 4-18　降压或升压型拓扑

当输入电压和输出电压几乎相等时，该电路的好处是开关和电感器电流也几乎等同于输出电流。电感纹波电流也趋向于变小。即使该电路中有四个电源开关，通常效率也会显著提高，在电池应用中这一点至关重要。

综上所述，在许多应用中使用 LED 正变得日益普遍的情况下，采用合适的拓扑结构来为这些应用提供支持就显得尤为重要。通常，输入电压、输出电压和隔离需求将决定正确的选择。在输入电压与输出电压相比总是时高时低时，采用降压或升压可能是显而易见的选择。但是，当输入和输出电压的关系并非如此受抑制时，该选择就变得更加困难，需要权衡许多因素，其中包括效率、成本和可靠性。

应用提示

在开关闭合期间，电感存储能量；在开关断开期间，电感释放能量，所以电感 L 叫做储能电感。二极管 VD 在开关断开期间，负责给电感 L 提供电流通路，所以二极管 VD 叫做续流二极管。

在实际的开关电源中，开关由三极管或场效应管代替。当开关断开时，电流很小；当开关闭合时，电压很小，所以发热功率就会很小。这就是开关电源效率高的原因。

三、PWM 调光

不管用 Buck、Boost、Buck-Boost，还是线性调节器来驱动 LED，它们的共同思路都是用驱动电路来控制光的输出。一些应用只是简单地来实现"开"和"关"的功能，但是更多地应用需求是要从 0～100%调节光的亮度，而且经常要求有很高的精度。设计者主要有两个选择，线性调节 LED 电流（模拟调光），或者使用开关电路以相对于人眼识别力来说足够高的频率工作来改变光输出的平均值（数字调光）。使用脉冲宽度调制（PWM）来设置周期和占空度可能是最简单的实现数字调光的方法，而目前越来越多的工程案例需要用到 LED 驱动芯片的调光接口。这也是 LED 智能照明应用的必然发展趋势。所以在下面的内容中将介绍关于如何更好地实现调光功能。

1. 占空比（Duty Cycle or Duty Ratio）

（1）在一串理想的脉冲序列中（如方波），正脉冲的持续时间与脉冲周期的比值。例如：脉冲宽度 1μs，信号周期 4μs 的脉冲序列占空比为 0.25。

（2）在一段连续工作时间内脉冲占用的时间与总时间的比值。

（3）在周期型的现象中，现象发生的时间与总时间的比。

其实，归纳一下也就是电路释放能量的有效时间与总释放时间的比。

2. LED 调光比

调光比按下面的方法计算：

$$调光比 = F_{oper} / F_{pwm} \quad (即调光的最低有效占空比)$$

其中，F_{oper} 为工作频率；F_{pwm} 为调光频率。

若 F_{oper}=100kHz，F_{pwm}=200Hz，则

$$调光比 = 100k/200 = 500$$

这个指标在很多 LED 驱动芯片的规格书里都会做出说明。

3. PWM 调光

脉宽调制（PWM）是利用微处理器的数字输出来对模拟电路进行控制的一种非常有效的技术，广泛应用在从测量、通信到功率控制与变换及 LED 照明等许多领域中。

通过数字方式控制模拟电路，可以大幅度降低系统的成本和功耗。此外，许多微控制器和 DSP 已经在芯片上包含了 PWM 控制器，这使数字控制的实现变得更加容易了。

简而言之，PWM 是一种对模拟信号电平进行数字编码的方法。通过高分辨率计数器的使用，调制方波的占空比以对模拟信号的电平进行编码。PWM 信号仍然是数字的，因为在给定的任何时刻，满幅值的直流供电要么完全有（ON），要么完全无（OFF）。电压或电流源是以一种通（ON）或断（OFF）的重复脉冲序列被加到模拟负载上去的。通的时候即是直流电源加到负载上，断的时候即直流电源断开。只要带宽足够，任何模拟值都可以使用 PWM 进行编码。

如图 4-19 所示为三种不同的 PWM 信号。图 4-19（a）是占空比为 10% 的 PWM 输出，即在信号周期中，10% 的时间通，其余 90% 的时间断。图 4-19（b）和图 4-19（c）分别是占空比为 50% 和 90% 的 PWM 输出。这三种 PWM 输出编码的分别是强度为满度值的 10%、50% 和 90% 的三种不同模拟信号值。例如，假设供电电源为 9V，占空比为 10%，则对应的是一个幅度为 0.9V 的模拟信号。

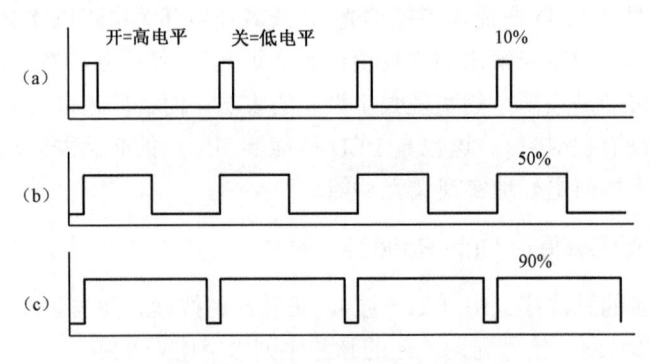

图 4-19 三种不同的 PWM 信号

如图 4-20 所示是一个使用 PWM 进行驱动的简单电路。图中使用 9V 电池来给一个白炽灯泡供电。如果将开关闭合 50ms，灯泡在这段时间中将得到 9V 电压。如果在下一个 50ms 中将开关断开，灯泡得到 0V。如果在 1s 内将此过程重复 10 次，灯泡将会点亮并如同连接到了一个 4.5V 的电池（9V 的 50%）上一样。这种情况下，占空比为 50%，调制频率为 10Hz。

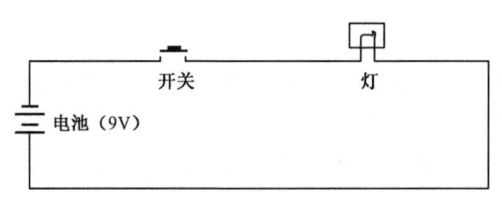

图 4-20　PWM 驱动的简单电路

大多数负载（无论是电感性负载还是电容性负载）需要的调制频率高于 10Hz。设想一下如果灯泡先接通 5s 再断开 5s，然后再接通、再断开　占空比仍然是 50%，但灯泡在头 5s 内将点亮，在下一个 5s 内将熄灭。要让灯泡获得 4.5V 电压的供电效果，通断循环周期与负载对开关状态变化的响应时间相比必须足够短。要想取得调光灯（但保持点亮）的效果，必须提高调制频率，在其他 PWM 应用场合也有同样的要求。通常调制频率为 1～200kHz。

为什么要推荐使用 PWM 调光呢？

模拟调光通常可以很简单地实现，可以通过一个控制电压来成比例地改变 LED 驱动的输出。模拟调光不会引入潜在的电磁兼容或电磁干扰（EMC 或 EMI）频率。然而，在大多数设计中要使用 PWM 调光，这是由于 LED 的一个基本性质——发射光的特性要随着平均驱动电流而偏移。对于单色 LED 来说，其主波长会改变。对白光 LED 来说，其相关颜色温度（CCT）会改变。对于人眼来说，很难察觉到红、绿或蓝 LED 中几纳米波长的变化，特别是在光强也在变化时。但是白光的颜色温度变化是很容易检测的。

大多数 LED 都包含发射蓝光谱光子的区域，它透过一个磷面提供宽幅可见光。低电流的时候，磷光占主导，光接近于黄色。高电流时，LED 蓝光占主导，光呈现蓝色，从而达到一个高 CCT。当使用一个以上的白光 LED 时，相邻 LED 的 CCT 的不同会很明显，这是不希望发生的。同样延伸到光源应用里，混合多个单色 LED 也会存在同样的问题。当使用一个以上的光源时，LED 中任何的差异都会被察觉到。

LED 生产商在他们的产品电气特性表中特别制定了一个驱动电流，这样就能保证只能用这些特定驱动电流来产生光波长或 CCT。用 PWM 调光保证了 LED 发出设计者需要的颜色，而光的强度另当别论。这种精细控制在 RGB 应用中特别重要，以混合不同颜色的光来产生白光。

从驱动 IC 的前景来看，模拟调光面临着一个严峻的挑战，这就是输出电流精度。几乎每个 LED 驱动都要用到某种串联电阻来辨别电流。电流辨别电压（VSNS）通过折衷低能耗损失和高信噪比来选定。驱动中的容差、偏移和延迟导致了一个相对固定的误差。要在一个闭环系统中降低输出电流就必须降低 VSNS。这样就会反过来降低输出电流的精度，最终，输出电流无法指定、控制或保证。通常来说，相对于模拟调光，PWM 调光可以提高精度，线性控制光输出到更低级。

基于开关调节器的 LED 驱动需要考虑一些特殊的方面，以便每秒关断和开启成百上千次。用于普通供电的调节器常常有一个开启或关断引脚供逻辑电平 PWM 信号的连接，但是此时延迟时间（t_d）较长。这是因为硅设计强调回应时间中的低关断电流。而驱动 LED 的专用开关调节则相反，当开启引脚时间低于最小 t_d 时，内部控制电路始终保持开启，然而当 LED 关断时，控制电流却很高。

用 PWM 来优化光源控制需要使上升和下降延迟时间最小化，这是为了达到最好的对比度，也是为了使 LED 从零到目标电平的时间最小化（这里不能保证主导光波长和 CCT）。标准开关调节器常常会有一个缓开和缓关的过程，但是 LED 专用驱动可以做所有的事情，其中包括控制降低信号转换速率。

Buck 调节器能够保持快速信号转换而又优于所有其他开关拓扑主要有两个原因。其一，Buck 调节器是唯一能够在控制开关打开时为输出供电的开关变换器。这使电压模式或电流模式 PWM（不要与 PWM 调光混淆）的 Buck 调节器的控制环比 Boost 调节器或者各种 Buck-Boost 拓扑更快。控制开关开启的过程中，电力传输同样可以轻易地适应滞环控制，甚至比最好的电压模式或电流模式的控制环还要快。其二，Buck 调节器的电导在整个转换周期中连在了输出上。这样保证了持续输出电流，也就是说，输出电容被删减掉。没有了输出电容，Buck 调节器成了一个真正的高阻抗电流源，它可以很快达到输出电压。

Boost 调节器和任何 Buck-Boost 拓扑都不适合 PWM 调光。这是因为在持续传导模式中（CCM），每个调节器都展示了一个右半平面零，这就使它很难达到时钟调节器需要的高控制环带宽。右半平面零的时域效应也使它更难在 Boost 或者 Buck-Boost 电路中使用滞后控制。另外，Boost 调节器不允许输出电压下降到输入电压以下，这个条件使利用并联一个 FET 实现调光变得不可能。在 Buck-Boost 拓扑中，并联 FET 调光仍然不可能或者不切实际，这是因为它需要一个输出电容（SEPIC，Buck-Boost 和 Flyback）。当需要真正快速 PWM 调光时，最好的解决方案是一个二级系统，它利用一个 Buck 调节器作为第二 LED 驱动级。

总而言之，LED 光源越复杂，就越要用 PWM 调光，这就需要设计者仔细思考 LED 驱动拓扑。Buck 调节器为 PWM 调光提供了很多优势，如果要求调光频率必须很高或者信号转换率必须很快，或者二者都需要，那么 Buck 调节器将是最好的选择。

四、典型 PWM 集成驱动器

市面上的 PWM 集成驱动器很多，下面将介绍一种单线数据传输 3 通道 PWM-LED 驱动器 CYT3006。引脚图如图 4-21 所示。引脚功能见表 4-3 所示。

1. 芯片特性

- 单线数据传输
- 内置 10 位灰度等级
- 3 通道 PWM 输出
- PWM 输出极性可设定
- 内置 LDO 三端稳压器
- 电源电压范围为 3.5~5.5V
- 0.1~1.5Mbps 数据传输速度
- 工作温度-20~85℃

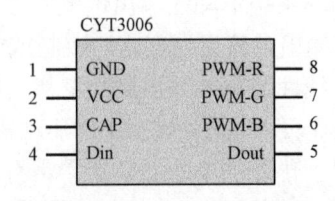

图 4-21 CYT3006 引脚图

- 无铅环保封装
- ESD 6kV

表 4-3 CYT3006 引脚功能

名称	SOP8	DFN8	功能
VCC	1	1	输入电压 3.5~5.5V DC
CAP	2	2	芯片内部滤波电容
GND	3	3	芯片地
D_{in}	4	4	级联数据输入
D_{out}	5	5	级联数据输出
PWM-B	6	6	PWM 输出蓝色
PWM-G	7	7	PWM 输出绿色
PWM-R	8	8	PWM 输出红色

2. 产品应用

- 舞台灯光控制
- 户外装饰 LED 控制
- LED 霓虹灯替代
- 圣诞灯、礼品展示
- RGB 装饰灯

3. 框图

如图 4-22 所示框图，主要包括稳压器、中央逻辑单元、PWM 驱动器、地址锁存器和数据串行驱动器。其中稳压器主要是保证 IC 在电压波动时保持稳定的时序工作状态，在点彩技术中是必不可少的部分；中央逻辑单元是处理本地像素灰度数字中心处理器；三路 PWM 维持灰度等级数据，等待新数据的到来，起到灰度再现的关键性作用；串行总线需要不断地增强驱动能力，适应更远距离、更多像素的驱动数量；地址锁存器获取存储本像素的数据信息。

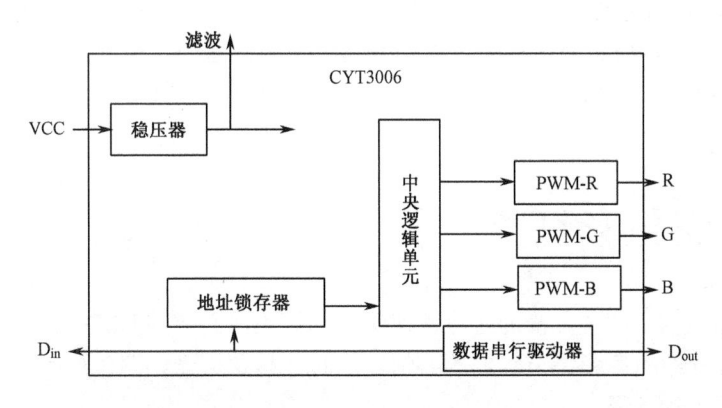

图 4-22 系统框图

4. 应用信息

串行总线方式可以有效地提高数据传输速度，每个 IC 内部又增设数据串行驱动器，方便地址位寻址，可以兼容舞台灯光，采用计数移位模式和地址模式，双模式数据传送方式，便于大数据量高速率传输。

PWM 型驱动器与功率器件结合，有效地提高输出耐压，增强驱动能力。比如与三极管结合设计，输出串接多颗 LED，提高像素点亮度。按照设计需求，选择合适的驱动管，达到符合设计的驱动电流和耐压，灵活选型，灵活配置。

在选取大功率 LED 驱动 IC 时，均有 PWM 接口，与 CYT3006 得到完美的桥接设计。CYT3006 起到信息传递功能，灰度等级保持功能及确立像素地址位置信息。

CYT3006 外围器件简洁，除几个滤波电容外，不再需要配置外围器件，即可满足工作条件。输出与功率器件桥接，根据功率器件所需要的激励电流，计算合适的电阻，匹配合适的输出阻抗。PWM 输出电流能力是 10mA，灌入电流能力是 25mA，设计时注意不要超过这个值，避免 IC 永久损坏。在满足功率器件推动参数时，尽量减小激励电流，从而降低像素点功耗。

建议输出 PWM 不要直接驱动 LED，CYT3006 输出不具有恒流能力，这样设计需要外设电阻限流，输出驱动电流是 10mA，灌入可达 80mA。输出方式驱动 LED 改变为灌入方式驱动设计时，显示信息相反，这时需要在控制软件里设置，使输出电平高有效变成低电平有效。

输出 PWM 近似方波，采集、传输到输出完全数字化，保真度很高。输出电阻和 PCB 走线要尽量将标准的 PWM 波形传递到功率级，用示波器可以观察到，在 CYT3006 输出端和栅极或 PWM 接收端口的波形是一致的。波形的改变等于改变了灰度等级的真实再现。保持 PWM 波形完美传递，灰阶表现最接近原始采集状态，实现高保真显示效果。

复习思考题

1. 开关型驱动电路的典型结构是什么？
2. LED 驱动电路的拓扑结构分几类，分别是什么？它们之间有何区别？
3. 什么是 PWM 调光？

任务二　变色彩灯

大多数人的生活空间中，普遍是冷色或暖色的灯光。而新的 LED 变色灯，颜色是多彩的，能够让各种变幻的色彩调节我们的心情。同时，具备调光、调色机制的 LED 灯具，能产生改变空间气氛的效果。

一、LED 变色灯

普通的 LED 变色灯由稳压电源、LED 控制器及 G、R、B 三基色 LED 阵列组成。它的外形与一般乳白色白炽灯泡相同，但点亮后会自动按一定的时间间隔变色。发出青、黄、绿、紫、蓝、红、白色光。变色灯的变色原理是三种基色 LED 分别点亮其中两个 LED 时，它可以发出黄、紫、青色（如红、蓝两种 LED 点亮时发出紫色光）；若红、绿、蓝三种 LED 同时点亮时，则会产生白光。如果有电路能使红、绿、蓝光 LED 分别两两点亮、单独点亮及三基色 LED 同时点亮，则发出七种不同颜色的光来。外部灯泡必须采用乳白色的。这样才能较好的混色，不可采用透明的材料。

LED 变色灯适用于家庭生日派对、节日聚会、过节过年，给节日增添欢乐气氛，也可用于娱乐场所及广告灯等，如图 4-23 所示。比如，蓝色灯晕衬托出清晨 6 点的清新柔和，温暖的黄色、可爱的粉红、轻松的绿色，可适用于舒适场景。浪漫的丁香色可让人想起美好的回忆，家居或商业空间能够依据需要搭配颜色气氛，而不需要改变室内装修或灯具。

(a) 单灯头变色灯　　(b) 投射变色灯

图 4-23　LED 变色灯

1. 变色的光学原理

变色灯是由红（R）、绿（G）、蓝（B）三基色 LED 组成的。双色 LED 是我们十分熟悉的。一般由红光 LED 及绿光 LED 组成。它可以单独发出红光或绿光。若红光及绿光同时亮点时，红绿两种光混合成橙黄色。变色灯的变色原理如图 4-24 所示。三种基色 LED 分别点亮两个 LED 时，它可以发出黄、紫、青色光。若红、绿、蓝三种 LED 同时点亮时，它会产生白光。如果有电路能使红、绿、蓝光 LED 分别两两点亮、单独点亮及三基色 LED 同时点亮，那么则能按图 4-24 所示的情况发出七种不同颜色的光来。

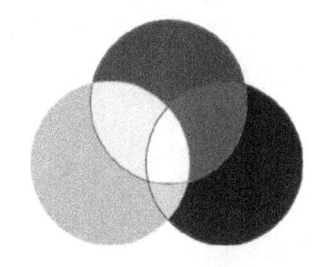

2. 变色灯的结构框图

LED 变色灯的结构框图如图 4-25 所示。它由稳压电源、LED 控制器及 G、R、B 三基色 LED 阵列组成。

图 4-24　变色原理

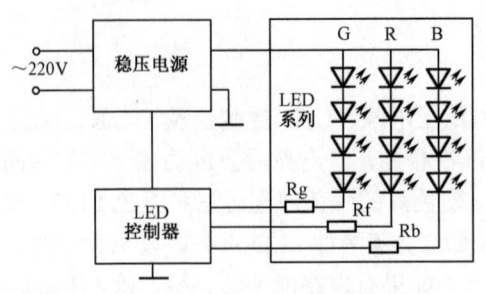

图 4-25 LED 变色灯的结构框图

电源输出直流电压给 LED 阵列和 LED 控制器。其中 LED 控制器是变色灯的关键。有的厂家直接把程序烧写在控制器中,也有的厂家使用计算机控制,可进行编写修改。

二、制作单灯头 LED 变色灯

下面介绍一种使用 CD4060 和降压式稳压电源制作的简单 LED 变色灯。

1. CD4060 简介

CD4060 是 4000 系列 CMOS 器件中的一种,是 14 位二进制计数器。它内部有两个反相器,外接两个电阻及一个电容就可组成振荡器,作为时钟发生器。输入时钟脉冲时(下降沿),输出端输出记数脉冲。它有一个复位端(Reset),当复位端为高电平时,所有输出端都是低电平,输出状态如表 4-4 所示。

表 4-4 输出状态

Clock in	Reset	输出状态
上升沿	0	不变
下降沿	0	进入下一状态
任意	1	所有输出都是低

CD4060 为 16 引脚 DIP 封装,各引脚排列如图 4-26 所示。其中 Clock in 是时钟脉冲输入端,Clock out$_1$ 及 Clock out$_2$ 是时钟脉冲输出端(相位差 180°),Reset 是复位输入端(高电平有效)。$Q_4 \sim Q_{14}$ 是二进制记数脉冲输出端,V_{dd} 为电源正端(3~18V),V_{ss} 为电源负端。

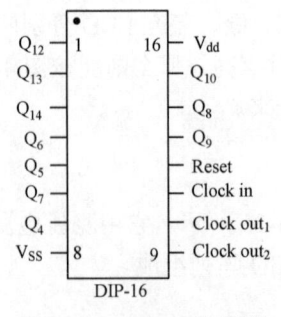

图 4-26 CD4060 引脚图

项目四
初识 LED 景观工程

2. 电路结构图

LED 变色灯的电路如图 4-27 所示。它由电源部分、变色控制部分及三基色 LED 阵列组成，下面分别介绍其工作原理。

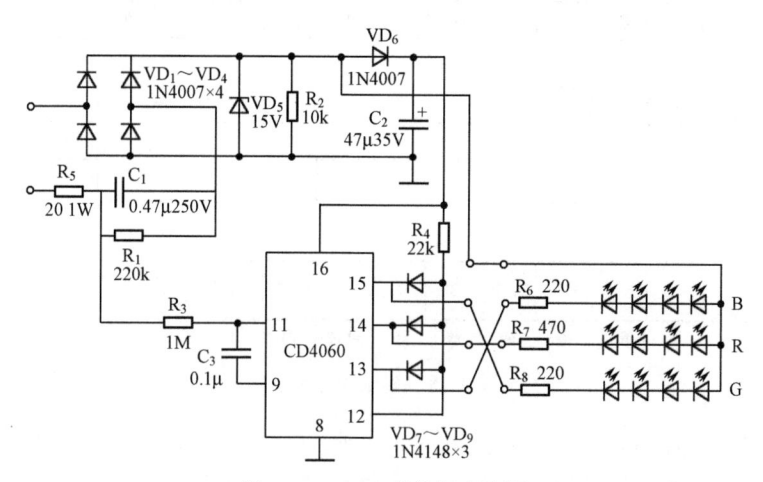

图 4-27 LED 变色灯电路图

（1）电源部分

电源部分是由降压电容 C_1、全波整流 $VD_1 \sim VD_4$ 及稳压二极管 VD_5 组成的电容降压式电路，是很典型的 AC/DC 转换电路。经 15V 的稳压二极管稳压后（严格地说是被限幅后）作为驱动 LED 阵列的电源，经 VD_6、C_2 滤波后（约 14.5V）的电压供给 CD4060 及作为复位的电压（高电平）。与电容 C_1 并联的电阻 R_1 作用是断开电源后，C_1 上的电荷经 R_1 放电，防止灯头上带电。

这种电源的特点是，当负载的电压远小于 220V 时，负载上电流 $I_L \approx 69C$（C 为降压电容，单位为 μF，I_L 的单位为 mA）。例如，$C=0.47$μF 时，流过负载的电流约 32.4mA，并且这个电流是比较稳定的。另外，这种电源尺寸小（占空间小）。其缺点是对市电不隔离，要求封闭在灯头内，并有良好的绝缘。

（2）变色控制部分

变色控制部分由二进制记数器 CD4060 承担。时钟脉冲信号不采用一般的振荡器电路（CD4060 内部有两个反相器，外接两个电阻、一个电容即可组成振荡器），而在电源电路中串接 R_5，加在 R_5 上的 50Hz 交流电压经 R_3、C_3 组成的微分电路形成尖脉冲作为时钟脉冲信号。在输出记数脉冲中选择 Q_8、Q_9、Q_{10} 三端与 LED 负极连接。当记数脉冲输出低电平时，相应的 LED 串被点亮。Q_8、Q_9、Q_{10} 的输出时序如图 4-28 所示。50Hz 的周期为 0.02s，Q_8 的周期为 5.12s，Q_9 的周期为 10.24s，Q_{10} 的周期为 20.48s。

Q_8 接红色 LED 串的负极，Q_9 接蓝色 LED 的负极，Q_{10} 接绿色 LED 串的负极。则在 Q_8 为高电平，Q_9、Q_{10} 为低电平时，蓝光、绿光 LED 串亮，混色后发出青光（因 Q_9、Q_{10} 为低电平，Reset 端为低电平）。经过 2.56s 后变成 R、G 亮，发出黄光。

在图 4-28 所示的时序图中，可以看到 Q_8 到第 4 个周期时，Q_8、Q_9、Q_{10} 输出都是高电平，则三串 LED 都灭。为避免在变色过程中出现这种情况，在电路中增加了 $VD_7 \sim VD_9$

三个二极管，并由 R_4 连接到复位端（Reset）。

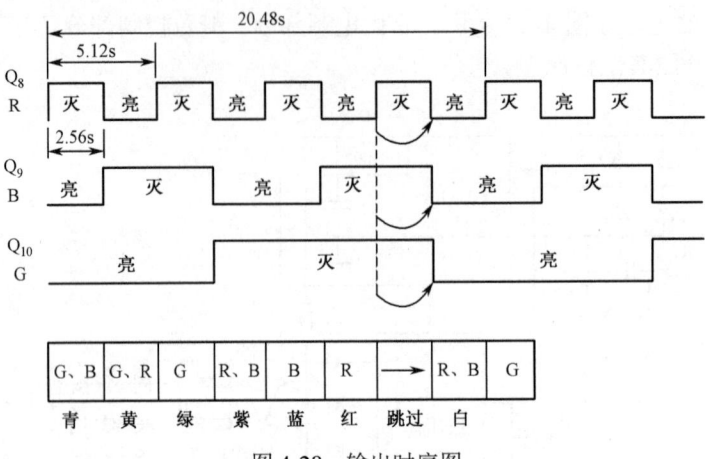

图 4-28 输出时序图

在刚出现 Q_8、Q_9、Q_{10} 三端都是高电平时，此时 12 脚（Reset）上出现高电平。器件被复位，使 $Q_4 \sim Q_{14}$ 各输出端都为低电平（见表 4-4）。一旦 Q_8、Q_9、Q_{10} 出现低电平，红、绿、蓝光 LED 都亮，灯光成白光，即在出现红光后，当红光结束，马上变成白光，Reset 端马上变成低电平，跳过了 2.56s 的灭灯情况，这是电路上设计的巧妙之处。

（3）三基色 LED 阵列

三基色 LED 阵列由三基色 LED（B、R、G）串联而成，每串有 4 个 LED。由于红、绿色 LED 的管压降与蓝色 LED 的管压降不同及各种发光二极管的发光强度不同，在 LED 串接回路中设置了不同的限流电阻。一方面限制了 LED 的电流，另一方面也使发光亮度匹配更好。LED 采用视角大、亮度高的草帽型外形。

在图 4-27 所示的电路中，采用了耐压为 250V 的降压电容器 C。虽然 250V 的耐压电容的实际耐压值是大于 300V 的，但若市电的最高值是 242V，则其峰值电压是 341V，因此采用耐压为 400V 的电容器更安全。

3. 外形与印制板

LED 变色灯泡的外形如图 4-29 所示。

乳白色玻璃外罩的直径为 $\phi 60$ mm。印制板分两块，一块是电源部分及控制器部分，另一块是 LED 阵列。电源部分及控制器部分的印制板如图 4-30 所示（印制板外圆尺寸为 $\phi 38$mm），图中仅显示出有关元器件位置及印制板的走线（并未按比例画）。LED 阵列的印制板如图 4-31 所示（并未按比例画），仅表示各色 LED 的排列及印制板的走线。两印制板之间有 4 条连接线连接，在两印制板间有绝缘垫隔离。

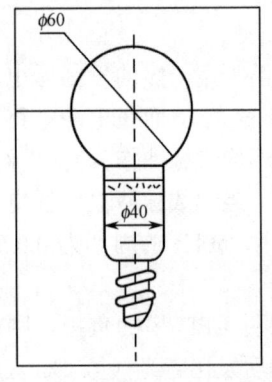

图 4-29 LED 变色灯泡的外形

这里要指出的是，外部灯泡必须采用乳白色的。这样才能较好地混色，不可采用透明的材料。这种变色灯泡的功率约为 1W，比较省电，但亮度差一点，比较新颖、效果不错。

项目四

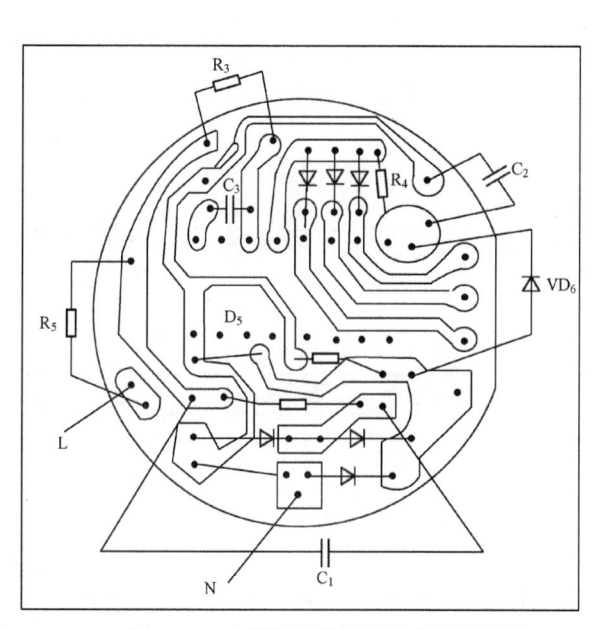

初识 LED 景观工程

图 4-30　电源部分及控制部分的印制板

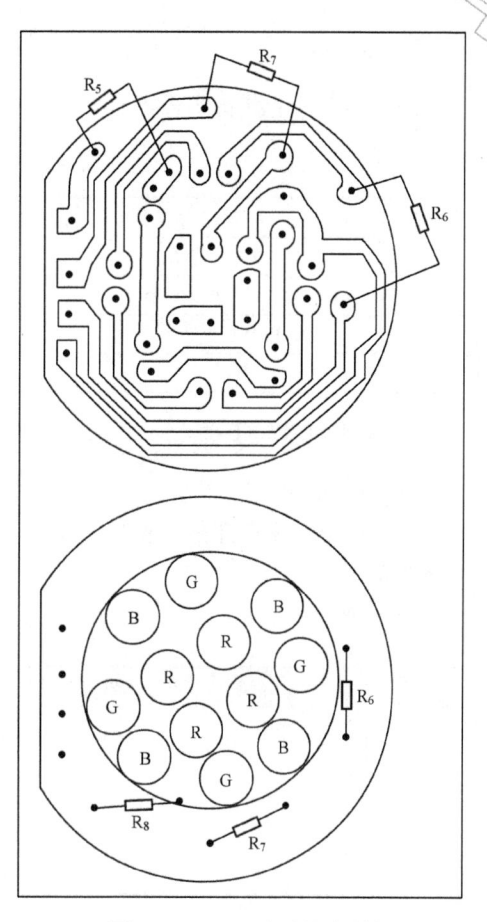

图 4-31　LED 阵列的印制板

复习思考题

1. 简述变色灯变色的原理。
2. 变色彩灯共几种基色，分别是什么？
3. 变色彩灯的重要部件是什么，为什么？

技能训练　变色 LED 灯的组装

1. 实训目的

（1）认识 LED 变色灯的基本原理；
（2）掌握变色灯硬件的连接；
（3）初步了解变色效果的编程。

2. 实训器材

按表 4-5 所示准备实训器材。

表 4-5　LED 变色灯组件

序号	类　型	型号与规格	数　量
1	LED 开关电源	输入 85～380V AC，输出 12～24V DC	1
2	LED 七彩控制驱动器	输入 12～24V DC，输出功率 1～45W	1
3	LED 变色灯	1W	3
4	导线	软导线	若干

3. 实训内容与步骤

（1）识别各组件

逐一观察，并打开外壳初步了解开关电源和控制驱动器的各部分结构，分析系统框图，并画在表 4-6 中。

表 4-6　系统框图

序号	开关电源	控制驱动器
系统框图		

（2）连接并组装电路，如图 4-32 所示。

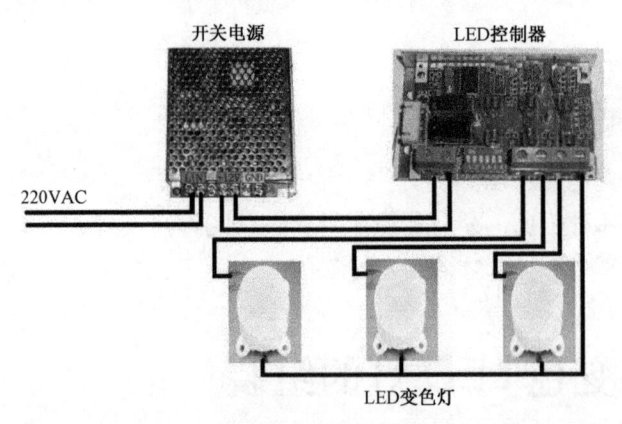

图 4-32　组装示意图

（3）演示效果

检查电路连接无误后，通电演示变色效果。如芯片变色程序已固化则不可更改，如可通过上位机修改也可尝试进行。下面给出一段程序，帮助理解变色灯效果的变化。

阅读资料

一种变色灯控制程序

```c
#include <reg52.h>
#include <common.h>
//三个脉宽调制的对定时器 T0 所赋的初值
unsigned int VerySmall_PWM;
unsigned int Small_PWM;
unsigned int Middle_PWM;
unsigned int Large_PWM;
unsigned char RGBW[4];
unsigned char ColorOrder[4]={'R', 'G', 'B', 'W'};
//RGB 初始颜色顺序
//测试用变量
bit   Next=1;
code unsigned char ColorTab[]=
{
    255, 127,  64,   0,
    127, 127,   0,   0,
      0, 255,   0,   0,
      0, 127, 127,   0,
      0,   0, 255,   0,
    127,   0, 127,   0,
};
void McuInit（void）;
void TimerInit（void）;
void Compositor
(unsigned char *P,
unsigned char *order, unsigned char n）;
void PusleWidthCount（unsigned char *P）;
/********************************
*  函 数 名：   main
*  功能描述：   主程序
********************************/
void main（void）
{
    static unsigned char i;
    McuInit（）;
    TimerInit（）;
        i=0;
    while（1）
    {
        //Next 作用:只有色彩变化时才
        允许计算和排序
        while（i<6 && Next）
        {
            Next=0;
            TR0=0;   //为防止排序、计算时造成灯的色彩不稳定,先关闭定时器 T0
            RGBW[0]=ColorTab[i*4];     //R
            RGBW[1]=ColorTab[i*4+1];   //G
            RGBW[2]=ColorTab[i*4+2];   //B
            RGBW[3]=ColorTab[i*4+3];   //W
            Compositor（RGBW, ColorOrder, 4）;//对计时 大小和调整后的颜色顺序进行排序
            PusleWidthCount（RGBW）;
            //计算 4 种色应该给 T0 的计时初值
            TR0=1;//排序、计算完毕,开定时器 T0
            i++;
        }
    }
}
/********** 函数名： T0IntSvr
```

```c
*  功能描述：  定时器 0 中断
*******************************/
void T0IntSvr（void）       interrupt 1
{
    static unsigned int ChangeCount=2000;
    static unsigned char task=0;
    unsigned int tmp;
    //进入 T0 中断 10000 次，即 10000/4*5ms 时间换一次色
    ChangeCount--;
    if（!ChangeCount）
    {
        Next=1;
        ChangeCount=2000;
    }
    if（task==0）
    {
        //总脉宽起始开所有 4 个 LED
        Red=Open;
        Green=Open;
        Blue=Open;
        White=Open;
        //把最小脉宽时间赋给定时器 T0
        TL0=VerySmall_PWM;
        TH0=VerySmall_PWM>>8;
        task++;
        return;
    }
    if（task==1）
    {
        //关最小脉宽时间的 LED
        switch（ColorOrder[0]）
        {
            case 'R':   Red=Close;      break;
            case 'G':   Green=Close;    break;
            case 'B':   Blue=Close;     break;
            case 'W':   White=Close;    break;
        }           tmp=0xFFFF-（VerySmall_PWM-Small_PWM）;
        // 补差值,//最小脉宽的定时器初值最大
        TL0=tmp;
        TH0=tmp>>8;
        task++;
        return;
    }
    if（task==2）
    {
        //关次小脉宽时间的 LED
        switch（ColorOrder[1]）
        {
            case 'R':   Red=Close;      break;
            case 'G':   Green=Close;    break;
            case 'B':   Blue=Close;     break;
            case 'W':   White=Close;    break;
        }           tmp=0xFFFF-（Small_PWM-Middle_PWM）;//补差值,
        //最小脉宽的定时器初值最大
        TL0=tmp;
        TH0=tmp>>8;
        task++;
        return;
    }
    if（task==3）
    {
        //关中等脉宽时间的 LED
        switch（ColorOrder[2]）
        {
            case 'R':   Red=Close;      break;
            case 'G':   Green=Close;    break;
            case 'B':   Blue=Close;     break;
            case 'W':   White=Close;    break;
        }           tmp=0xFFFF-（Middle_PWM-Large_PWM）;//
        补差值,//最小脉宽的定时器初值最大
        TL0=tmp;
        TH0=tmp>>8;
```

项目四
初识 LED 景观工程

```
                task++;
                return;
        }
        if（task==4）
        {
                //关最大脉宽时间的 LED
                switch（ColorOrder[3]）
                {
        case 'R':    Red=Close;      break;
        case 'G':    Green=Close;    break;
        case 'B':    Blue=Close;     break;
        case 'W':    White=Close;    break;
                }               tmp=0xFFFF-
（Large_PWM-PulseFullWidth）；
        //补差值，补最大脉宽到总脉宽的插值
                TL0=tmp;
                TH0=tmp>>8;
                task=0;
                return;
        }
}


/*******************************
* 函 数 名：    Compositor
* 功能描述：    对三原色脉宽进行排序
（改进的冒泡算法）
* 函数说明:对指针*P 所指向的数组的前 n 个
数
进行由小到大的排序，排好的数仍放在该数
组中，*order 存放排列后的颜色顺序
********************************/
void Compositor（unsigned char *P,
 unsigned char *Order，unsigned char n）
{
unsigned char s, q, t, m;
        m=0;
        while（m<n-1）
        {
```

```
                q=n-1;
                for（s=n-1;s>=m+1;s--）
                        if（*（P+s）<*（P+s-1）  ）
                        {
                                t=*（P+s）;
                                *（P+s）=*（P+s-1）;
                                *（P+s-1）=t;
                                t=*（Order+s）;
                                *（Order+s）=*（Order+s-1）;
                                *（Order+s-1）=t;
                                q=s;
                        }
                m=q;
        }
}
/*******************************
* 函 数 名：    PusleWidthCount
* 功能描述：    对定时器 0 所要设定的 4 个
脉宽进行计算
* 函数说明:指针*P 指向排序后的颜色数组
********************************/
unsigned int PWC（unsigned char *P1）
{return （0xFFFF-PulseFullWidth）/ 0xFF *
（*P1）;
}
void PusleWidthCount（unsigned char *P）
{
        VerySmall_PWM = 0xFFFF-PWC（P）;
        //计算"最小"脉宽的定时器初值（此
时初值   最大）
        Small_PWM = 0xFFFF-PWC（P+1）;
        //计算"稍小"脉宽的定时器初值
        Middle_PWM = 0xFFFF-PWC（P+2）;
        //计算"中"脉宽的定时器初值
        Large_PWM = 0xFFFF-PWC（P+3）;
        //计算"最大"脉宽的定时器初值（此时初值
最小）
}/*******************************
```

* 函 数 名：TimerInit
* 功能描述：定时器 0 初始化。
*****************************/
void TimerInit（void）
{
　　TMOD=0x01;　　//T0 方式 1，16 位。
　　TH0=0x00;
　　TL0=0x00;
　　TMOD=（TMOD & 0x0f）| 0x20;　　//T1 设置为波特率发生器
　　TR0=1;
　　TR1=0;
　　ET0=1;
　　ET1=0;
　　EA=1;
}

/*****************************
* 函 数 名：McuInit
* 功能描述：MCU I/O 口初始化
*****************************/
void McuInit（void）
{
　　P0=0xff;
　　P2=0xff;
　　P3=0xff;
//P17=1;//设置 485 芯片工作在接收模式
　　Red=Close;
　　Green=Close;
　　Blue=Close;
　　White=Close;
}

应用提示

户外夜景工程施工组织流程

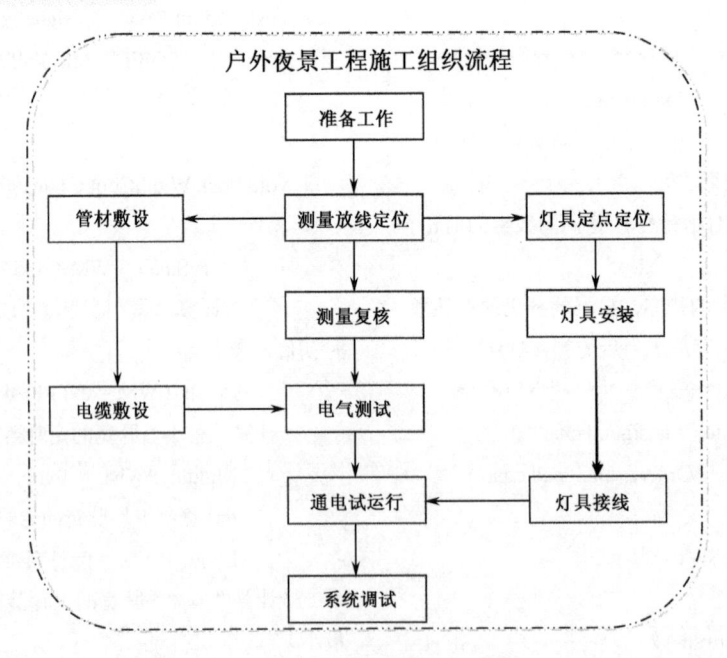

```
                准备工作
                   ↓
管材敷设 ← 测量放线定位 → 灯具定点定位
   ↓            ↓              ↓
   ↓         测量复核         灯具安装
   ↓            ↓              ↓
电缆敷设  →  电气测试          ↓
                ↓              ↓
             通电试运行  ←  灯具接线
                ↓
              系统调试
```

项目小结

1. 新型半导体光源是景观照明中最佳选择的光源之一。
2. LED 是最新的光源，但并不是万能的光源，使用时应注意场合。
3. LED 灯具色彩可变，易于控制是其优于其他种类光源和灯具的特点。
4. 开关电源电路主要由整流滤波电路、变换器、开关占空比控制及取样比较电路等模块构成。
5. 开关电源具有功耗小效率高、体积小质量小、稳压范围宽、电路形式灵活等多方面的优点。
6. 开关电源一般有 Buck 型（降压型），Boost（升压型）和 Buck-Boost 型（升降压型）。
7. PWM 中的占空比指的是电路释放能量的有效时间与总释放时间的比。
8. PWM 是利用微处理器的数字输出来对模拟电路进行控制的一种手段。
9. 变色灯是由红（R）、绿（G）、蓝（B）三基色 LED 组成的。
10. LED 控制器是变色灯的关键。

项目四 自我评价

	评 价 内 容	学习目标实现情况
知识目标	1. 了解景观工程照明中的 LED 使用	☆ ☆ ☆ ☆ ☆
	2. 了解开关电源的基本知识	
	3. 了解变色灯变色的基本原理	
技能目标	1. 掌握开关电源的基本结构	☆ ☆ ☆ ☆ ☆
	2. 了解变色中光颜色的组合方式	
	3. 掌握 LED 控制器的使用连接方法	
学习态度	快乐与兴趣 方法与行为习惯 探索与实践 合作与交流	☺ ☹ ☹
个人体会		

项目五　理解 LED 标准

> **项 目 描 述**
>
> 了解 LED 标准体系和 LED 标准的发展状况，理解 LED 标准，尤其是对强制性国家标准内涵的理解，以标准文本为主要顺序，作相应的说明和阐述，以使对标准的进一步理解，对标准的使用有所帮助。了解 LED 产品在工程安装施工中应注意的事项和 LED 工程中的简易计算方法。

　　LED 产品目前拥有非常广阔的市场前景，特别是在照明领域。LED 照明作为人类未来新光源及我国实现节能减排战略的主要途径之一，其重要性日渐凸显。随着 LED 技术的迅速发展和在照明领域的广泛应用，对 LED 相关标准的关注度日益提高，LED 国家标准的颁布与实施，为 LED 光源的规范生产和安全认证提供了有力的依据，有利于 LED 产业的健康发展。

任务一　LED 有关标准识别

　　LED 有关标准是当今全球 LED 技术和产业新的竞争焦点。许多国家，尤其是发达国家的 LED 生产企业的研发人员一方面积极参与国际标准的制定，同时又在本国政府的大力支持下，都在积极准备或者已经开始制定本国的 LED 标准体系，并试图将其上升为世界性的通用标准来控制国际 LED 市场。

一、LED 标准体系

1. 制定 LED 标准的目的和意义

　　LED 是当今照明领域中最具发展前景的照明产品之一。LED 产品市场需求旺盛，2003 年，我国科技部启动了"国家半导体照明工程"计划，"十一五"国家高技术研究发展计划（863 计划）、半导体照明工程等重大项目，有力地推动了我国半导体照明产业规模不断扩大。2009 年国务院颁布的《电子信息产业调整和振兴规划》中也明确提出要大力发展节能环保的 LED 照明产品，科技部也正式在全国范围内启动"十城万盏"LED 照明应用工程。半导体照明产业目前处于迅速发展的阶段，潜力巨大。统一行业标准和管理，使产品质量得到保证，可以杜绝市场的无序竞争。为 LED 照明产品制定相关的标准规范和检测方法，规范现有的检测系统，能使产品的研发既有章可循，又有明确的目标和方向，同时，也能规范 LED 照明产品的生产，提高产品质量，让产品的使用更加科学合理。LED 标准体系的建立，是半导体照明产业健康发展的保障,能够促进半导体技术的进步,并将产生可观的经济效益和社会效益。

制定 LED 标准有助于促进我国 LED 产业的发展和技术创新,特别是对半导体照明行业实现企业的优胜劣汰,引导行业步入有序、有标准的状态,促进 LED 照明行业健康地发展,起到了很好的规范作用。

2. LED 标准体系

半导体照明产业从产业链角度可以分为上游、中游和下游产业。LED 使用的半导体衬底材料、外延晶片、芯片等的制造是上游产业;LED 的封装是中游产业;基于 LED 的半导体照明光源与灯具的制造是下游产业。LED 标准体系包括 LED 芯片标准、LED 封装技术标准和 LED 照明标准。其中,LED 照明标准又分为产品标准和系统标准两大部分。产品标准分为基础标准、方法标准、性能标准和安全标准。系统标准分为测量标准、节能设计标准、使用规范标准、节电效益评价标准等。此外,产品标准还可以分为照明 LED 测试方法标准、照明 LED 光源通用标准、照明 LED 附件通用标准、照明 LED 连接件通用标准和 LED 照明灯具标准等。系统标准还可以按照适用特点进行分类。

照明半导体标准体系的层次应按照半导体照明工作的总体思路科学地划分,力求完整和全面。标准体系中各个标准之间应互相联系并协调一致,标准中技术指标应具有合理性和实用性。目前,半导体照明产业仍处于发展阶段,产品存在很多不确定性,因此,应使标准能够适应并指导我国半导体照明产品的技术发展,而不是限制行业未来的发展。随着半导体照明技术的发展和国际标准的更新,标准体系也将不断变化和完善。

3. LED 标准发展概况

(1) 国外发展现状

目前,国际上从事照明 LED 标准化研究的标准组织有国际电工委员会(IEC)、国际照明委员会(CIE)和各国对应的标准化组织及相关企业。国际电工委员会和国际照明委员会都非常关注 LED 的发展及相关 LED 器件的标准化工作。CIE 曾经发表过 LED 检测方法的技术报告,由于近年来 LED 产品的技术发展迅速,CIE 目前正在对测试方法标准进行修订。IEC 近些年也加大了对 LED 标准的研究,相继对 LED 模块、LED 连接件及 LED 控制件等提出了标准草案或制定标准。由于目前统一的照明 LED 产品性能方面的国际标准尚未成熟,且各国 LED 的研究发展速度不同,因此,发达国家都在积极准备建立自己的 LED 标准体系。美国正在根据照明 LED 的特性开展照明 LED 的技术标准和测试方法的研究。日本则将研究重点放在照明用白光 LED 的测试方法和技术标准上。从事 LED 研究的国内外企业如 LUMILEDS(流明)、PHILIPS(飞利浦)、OSRAM(欧司朗)等在积极参与国家和国际标准化工作的同时,也制定了自己的企业标准,规范了照明 LED 的光电参数,如电压、电流、光通量、色坐标、色温、显色性和寿命等指标。

全球几家著名的 LED 制造商的简介如表 5-1 所示。

表 5-1　全球几家著名的 LED 制造商简介

序号	LED 制造商	简　介
1	CREE 科锐	著名 LED 芯片制造商，美国 CREE 公司，产品以碳化硅（SiC）、氮化镓（GaN）、硅（Si）及相关的化合物为基础，包括蓝、绿、紫外发光二极管（LED）、近紫外激光，射频（RF）及微波器件，功率开关器件及适用于生产和科研的碳化硅（SiC）晶圆片
2	OSRAM 欧司朗	OSRAM 是世界第二大光电半导体制造商，产品有照明、传感器和影像处理器。公司总部位于德国，研发和制造基地在马来西亚。OSRAM 最出名的产品是 LED，长度仅几毫米，有多种颜色，低功耗，寿命长
3	NICHIA 日亚化学	日亚化学，著名 LED 芯片制造商，日本公司，成立于 1956 年，开发出世界第一个蓝色 LED（1993 年），世界第一个纯绿色 LED（1995 年），在世界各地建有子公司
4	TOYODA GOSEI 丰田合成	TOYODA GOSEI，总部位于日本爱知，生产汽车部件和 LED，LED 约占收入的 10%，丰田合成与东芝所共同开发的白光 LED，采用紫外光 LED 与萤光体组合的方式，与一般蓝光 LED 与萤光体组合的方式不同
5	Agilent 安捷伦	总部设在美国加州的帕罗阿托市，作为世界领先的 LED 供应商，其产品为汽车、电子信息板及交通信号灯、工业设备、蜂窝电话及消费产品等为数众多的产品提供高效、可靠的光源。这些元件的高可靠性通常可保证在设备使用寿命期间不用再更换光源。安捷伦低成本的点阵 LED 显示器、品种繁多的七段码显示器及安捷伦 LED 光条系列产品都有多种封装及颜色供选择
6	TOSHIBA 东芝	总部所在地日本，东芝半导体是汽车用 LED 的主要供货商，特别是仪表盘背光、车子电台、导航系统、气候控制等单元。使用的技术是 InGaAlP，波长从 560nm（纯绿色）到 630nm（红色）。近期，东芝开发了新技术 UV+phosphor（紫外+荧光），LED 芯片可发出紫外线，激发荧光粉后组合发出各种光，如白光、粉红、青绿等光
7	LUMILEDS 流明	LUMILEDS LIGHTING 是全球大功率 LED 和固体照明的领导厂商，其产品广泛用于照明、电视、交通信号和通用照明，Luxeon Power Light Sources 超光率 LED 技术是其专利产品，结合了传统灯具和 LED 的尺寸小、寿命长的特点。还提供各种 LED 晶片和 LED 封装，有红、绿、蓝、琥珀、白等 LED。LUMILEDS LIGHTING 总部在美国，工厂位于荷兰、日本、马来西亚，由安捷伦和飞利浦合资组建于 1999 年，2005 年飞利浦完全收购了该公司
8	SSC 首尔半导体	SSC 是韩国最大的 LED 环保照明技术生产商，并且是全球八大生产商之一。首尔半导体的主要产品种类包括有侧光 LED、顶光 LED、切片 LED、插件 LED 及食人鱼（超强光）LED 等。产品已广泛应用于一般照明，包括建筑、道路、工程照明、可携式照明、广告灯箱、移动电话背光源、电子手账、电视、手提电脑、汽车照明、室内照明、LED 电子显示屏及交通灯等领域

（2）国内发展现状

我国自 2003 年 6 月国家科技部牵头启动国家半导体照明工程起，就十分重视半导体照明的标准研究和全局设计，工业和信息化部标准化研究所、全国照明电器标准化技术委员会、中国光学光电子行业协会光电器件分会、全国稀土标准化技术委员会（SAC/TC229）、全国半导体设备和材料标准化技术委员会、中国计量科学研究院等组织和单位迅速组织全国标准化力量，投入到了半导体照明的标准体系研究和标准制定工作中，工业和信息化部还专门成立了半导体照明技术标准化工作组。经过业界的共同努力，我国半导体照明的标准体系研究和标准制定工作取得了明显进展，有关的标准已经展开研究、立项、起草或报批，有的已发布。我国的 LED 标准化工作如表 5-2 所示。

表 5-2 我国的 LED 标准化工作

序号	标准类别	机构	标准名称
1	GB	全国照明电器标准化技术委员会（SAC/TC224）	灯的控制装置 第 14 部分：LED 模块用直流或交流电子控制装置的特殊要求
2	GB		杂类灯座 第 3 部分：LED 模块用连接器特殊要求
3	GB/T		普通照明用 LED 模块测试方法
4	GB/T		普通照明用 LED 模块用直流或交流电子控制装置性能要求
5	GB/T		道路照明用 LED 灯
6	GB/T		普通照明用 LED 灯和 LED 模块术语和定义
7	GB		普通照明用 LED 模块 安全要求
8	GB/T		普通照明用 LED 模块 性能要求
9	GB		普通照明用电压 50V 以上自镇流 LED 灯 安全要求
10	GB/T		普通照明用电压 50V 以上自镇流 LED 灯 性能要求
11	GB/T		装饰照明用 LED 灯
12	GB/T		普通照明用发光二极管性能要求
13	SJ/T	工业和信息化部半导体照明技术标准化工作组	半导体发光二极管测试方法
14	SJ/T		半导体照明术语和定义
15	SJ/T		小功率发光二极管空白详细规范
16	SJ/T		半导体发光二极管用荧光粉
17	SJ/T		半导体发光二极管芯片测试方法
18	SJ/T		氮化镓基发光二极管用蓝宝石衬底片
19	SJ/T		半导体发光二极管产品系列型谱
20	SJ/T		功率半导体发光二极管芯片技术规范
21	GB/T	全国稀土标准化技术委员会	白光 LED 灯用稀土黄色荧光粉

由于 LED 的独特优异性能，我国其他传统行业将会大量使用 LED，也势必要纷纷加入到 LED 的应用标准制定中来。

二、LED 标准规范

1. 国外 LED 相关标准

国际电工委员会（IEC）曾经颁布的 LED 相关规范，主要包括以下方面，下面详细说明。

（1）IEC 60747—5 Semiconductor devices discrete and integrated circuits（1992）
半导体分立器件及集成电路

（2）IEC 60747—5—2 Discrete semiconductor devices and integrated circuits
Part5-2：Optoelectronic devices——Essential ratings and characteristice（1997-09）
分立半导体器件及集成电路零部件 5-2：光电子器件——分类特征及要素（1997-09）

（3）IEC 60747—5—3 Discrete semiconductor devices and integrated circuits
Part5-3：Optoelectronic devices——Measuring methods（1997-08）

分立半导体器件及集成电路零部件 5-3：光电子器件——测试方法（1997-08）

（4）IEC 60747—12—3 Semiconductor devices

Part12-3: Optoelectronic devices——Blank detail specification for light-emitting diodes-Display（1998-02）

半导体器件 12-3：光电子器件——显示用发光二极体空白详细标准（1998-02）

为了适应LED发展的需要，国际电工委员会（IEC）又推出了4个有关照明用LED模块的正式标准，这些标准主要技术内容如下。

（1）IEC 62031 LED modules for general lighting-safety requirements

普通照明用LED模块的安全要求

该标准规定了LED模块的一般要求和安全要求。主要技术内容包括：一般要求、试验说明、分类、标志、接线端子、接地保护装置、防止意外接触带电部件的保护、防潮和绝缘、介电强度、故障状态、制造期间合格性试验、结构、爬电距离和电气间隙、螺钉、载流部件及连接件、耐热、防火及耐漏电起痕、耐腐蚀等。

（2）IEC 60838—2—2 Miscellaneous lampholders

Part 2-2: Particular requirements-Connectors for LED modules

杂类灯座 2-2：LED模块用连接器特殊要求

IEC 60838 的该部分内容适用于杂类内置式连接件（包括 LED 模块内部连接用连接件），部分引用 IEC 60838—1 杂类灯座第 1 部分：一般要求和试验。主要技术内容包括：一般要求、试验的一般条件、标准额定值、分类、标志、防触电保护、接线端子、接地装置、结构、防潮、绝缘电阻和介电强度、机械强度、螺钉、载流部件和连接件、爬电距离和电气间隙、耐久性、耐热与防火、抗剩余应力和抗腐蚀性、抗震动性能等。标准中规定的特殊安全要求有：最大额定电压、最小额定电流、额定工作温度范围；连接导线的最小截面积；用于连接器的温度变化试验和循环湿热试验的具体方法；连接器触点和连接线电阻的测量方法；连接器的振动试验方法等。

（3）IEC 61347—2—13 Lamp controlgear

Part 2-13: Particular requirements for DC or AC supplied electronic controlgear for LED modules

灯的控制装置 2-13：LED模块用直流或交流电子控制装置特殊要求

IEC 61347 的该部分内容适用于使用 250V 以下直流电源和 1000V 以下 50Hz 或 60Hz 交流电源的 LED 模块用电子控制装置。在引用 IEC 61347—1 灯的控制装置第 1 部分：一般要求和安全要求条款时，规定了条款的适用范围和各项试验的实施顺序，还规定了必要的补充要求。除给出与 LED 模块用直流或交流电子控制装置有关的术语和定义外，规定了对试验样品数量的补充要求、根据防电击保护措施的分类方法、强制性标志和补充标志、对防止意外接触带电部件的补充要求、防潮与绝缘的补充要求、介电强度的补充要求、变压器加热试验要求、控制装置在异常状态下的检验方法、对结构的补充要求等，并在附录中给出 LED 模块用独立式安全特低电压直流或交流电子控制装置的特殊补充要求。

（4）IEC 62384 Performance of controlgear for LED modules DC or AC supplied electronic controlgears for LED modules-Performance requirements

发光二极管模块用直流或交流电子控制装置性能要求

该标准规定了使用 250V 以下直流电源和 50Hz 或 60Hz，1000V 以下交流电源，其工作频率不同于电源频率的电子控制装置的性能要求。主要技术要求包括：试验的说明、分类、标志、输出电压和电流、线路总功率、电源电流、生频阻抗、异常条件下的工作试验、耐久性等。此外，在附录中规定了试验的一般要求、容性负载的测量和声频阻抗的测量等要求。

国际照明委员会（CIE）已制定了一些 LED 测量方面的标准，一些标准正在制定之中，部分标准将作为 CIE/ISO 及 CIE/IEC 的联合标准，以统一国际间 LED 的测量问题。CIE 有关 LED 标准的出版物有：

① CIE 127：Measurement of LEDs
LED 测量方法
② CIE/ISO standards On LED intensity measur-ements
CIE/ISO LED 强度测试标准

阅读资料

什么是 IEC 标准？

IEC 是国际电工委员会（International Electrotechnical Commission）的缩写。它也是非政府性国际性组织，是联合国社会经济理事会的甲级咨询机构，正式成立于 1906 年，是世界上成立最早的专门国际标准化机构。1947 年国际标准化组织 ISO 成立后，IEC 曾作为电工部门并入 ISO。根据 1976 年 ISO 与 IEC 的新协议，两组织都是法律上独立的组织，IEC 负责有关电工、电子领域的国际标准化工作，其他领域则由 ISO 负责。目前，IEC 成员国包括了绝大多数的工业发达国家及一部分发展中国家。这些国家拥有世界人口的 80%，生产和消费全世界电能的 95%，制造和使用的电气、电子产品占全世界产量的 90%。IEC 的技术工作由执委会负责。我国于 1957 年成为 IEC 的执委会成员。2006 年我国专家李亚萍博士首次当选 IEC 技术委员会主席。

IEC 标准是指由国际电工委员会制定的标准。IEC 出版包括国际标准在内的各种出版物，并希望各成员国在本国条件允许的情况下，在本国的标准化工作中使用这些标准。

2. 国内 LED 相关标准

随着照明 LED 技术的迅速发展和"半导体照明工程"项目的进展实施，我国将逐步完善照明 LED 标准体系，制定并贯彻实施照明 LED 的相关标准，建立规范的照明 LED 评价与测试中心，为产品测试、评价，以及产业发展提供服务和支撑。在标准化机构、检测机构、研究机构和生产企业的共同努力下，新的 LED 国家标准发布了，新国标既能够适应我国 LED 照明产品的技术发展，又能与国际标准相接轨。照明 LED 的国家标准，引导和规范了我国半导体照明产业的发展，加速了照明 LED 的技术进步及其推广应用。

国家质量监督检验检疫总局、国家标准化管理委员会（SAC）自 2008 年以来相继颁布了《中华人民共和国国家标准批准发布公告》2008 年第 27 号（总第 140 号）、2009 年第 11 号（总第 151 号）、2009 年第 15 号（总第 155 号）。发布了 GB 19651.3—2008、GB 19510.14—2009、GB 24819—2009 等 LED 模块强制性国家标准和 GB/T 24823—2009、GB/T 24824—2009、GB/T 24826—2009 等 LED 模块推荐性国家标准，以及 GB/T 24825—2009 等 LED 控制装置推荐性国家标准，GB/T 24827—2009 等 LED 灯具推荐性国家标准。国家标准化管理委员会新发布的 8 项 LED 相关国家标准如表 5-3 所示。

表 5-3　国家标准化管理委员会新发布的 8 项 LED 国家标准

序号	标准号	标准名称	发布日期	实施日期
1	GB 19651.3—2008	杂类灯座第 2-2 部分：LED 模块用连接器的特殊要求	2008-12-30	2010-04-01
2	GB/T 24823—2009	普通照明用 LED 模块性能要求	2009-12-15	2010-05-01
3	GB/T 24824—2009	普通照明用 LED 模块测试方法	2009-12-15	2010-05-01
4	GB/T 24825—2009	LED 模块用直流或交流电子控制装置性能要求	2009-12-15	2010-05-01
5	GB/T 24826—2009	普通照明用 LED 和 LED 模块术语和定义	2009-12-15	2010-05-01
6	GB/T 24827—2009	道路与街路照明灯具性能要求	2009-12-15	2010-05-01
7	GB 24819—2009	普通照明用 LED 模块安全要求	2009-12-15	2010-11-01
8	GB 19510.14—2009	灯的控制装置 第 14 部分：LED 模块用直流或交流电子控制装置的特殊要求	2009-10-15	2010-12-01

LED 相关地方标准有由福建省质量技术监督局中心检验所负责起草的《普通照明用 LED 灯具》、《景观装饰用 LED 灯具》、《投光照明用 LED 灯具》、《道路照明用 LED 灯具》等 4 项地方标准已于 2008 年 7 月 10 日正式实施。该系列标准主要涵盖电器安全、光电性能、可靠性、节能评价等重要指标，能够综合评价 LED 灯具产品的节能效果、寿命长短、发光效率、环保指数等情况。

还有如深圳市 LED 标准项目工作组（LED 产业标准联盟）从 2009 年开始就拟制定了多项标准，例举如下。

① 《LED 灯具寿命测试方法标准》

② 《LED 灯具最低能效测试方法标准》

③ 《LED 路灯标准》

④ 《LED 隧道灯标准》

⑤《LED 驱动电源标准》
⑥《液晶显示背光组件用 LED 性能规范》
⑦《LED 显示屏通用标准》
⑧《LED 灯具测试标准》
⑨《LED 路灯关键部件通用（互换）》
⑩《LED 轨道车厢照明灯具》

目前，国内外与 LED 产业有关的标准大都是涉及普通的 LED 标准及照明灯具标准，但 LED 主要元器件、技术工艺及关键性能、相应指标的检测方法标准都较为缺乏。相关地方标准的制定和实施，又是对国家标准的很好补充。通过各地的实践不断发现问题并不断改进，持续完善地方规范或标准，对推动和完善国家标准具有重要的意义。

标准本身可以有多个层次，国家标准要注意与国际接轨，地方标准要符合国家标准的基本规范。地方标准发展到比较成熟的阶段可以考虑上升为国家标准。

阅读资料

国家标准化管理委员会（SAC）

国家标准化管理委员会（简称国家标准委）即中华人民共和国国家标准化管理局，是国务院授权的履行行政管理职能，统一管理全国标准化工作的主管机构。负责组织国家标准的制定、修订工作，负责国家标准的统一审查、批准、编号和发布。负责协调和管理全国标准化技术委员会的有关工作。代表国家参加国际标准化组织（ISO）、国际电工委员会（IEC）和其他国际或区域性标准化组织，负责组织 ISO、IEC 中国国家委员会的工作；负责管理国内各部门、各地区参与国际或区域性标准化组织活动的工作；负责签定并执行标准化国际合作协议，审批和组织实施标准化国际合作与交流项目；负责参与与标准化业务相关的国际活动的审核工作。

错误！

复习思考题

1. LED 标准体系包括_____标准、_____标准和_____标准。
2. IEC 是_____的英文缩写，国家标准化管理委员会的英文缩写是_____。
3. 照明 LED 产品标准可分为哪几类？
4. 简述 LED 地方标准与国家标准的关系。

任务二 理解LED国家标准

为了使LED生产企业、销售者及用户正确理解LED相关国家标准的内容，便于使用国家标准，下面对LED相关国家标准进行必要举例说明和阐述。

一、理解GB 24819—2009《普通照明用LED模块 安全要求》

GB 24819—2009给出了普通照明用LED模块类产品的一般要求和安全要求，下面依据本标准条款的顺序，对这些安全要求进行阐述。

本标准的全部技术内容为强制性。

本标准等同采用[1]IEC 62031：2008《普通照明用LED模块 安全要求》。

本标准由中国轻工联合会提出。

本标准由全国照明电器标准化技术委员会（SAC/TC 224）归口。

1. 范围

本标准规定了普通照明用发光二极管（LED）模块的一般要求和安全要求。

标准适用于普通照明用发光二极管（LED）模块产品，包括在恒定电压、恒定电流或恒定功率下工作的不带整体式控制装置的LED模块和采用250V以下50Hz或60Hz交流电源的自镇流LED模块两种。标准规定了这类产品的一般要求和安全要求。

2. 规范性引用文件

下列文件中的条款通过本标准的引用而成为本标准的条款。

GB 19510.1—2009 灯的控制装置 第1部分：一般要求和安全要求（IEC 61347—1：2007，IDT[2]）

GB 19510.14—2009 灯的控制装置 第14部分：LED模块用直流或交流电子控制装置的特殊要求（IEC 61347—2—13：2006，IDT）

GB 19651.3—2008 杂类灯座 第2-2部分：LED模块用连接器的特殊要求（IEC 60838—2—2：2006，IDT）

IEC 60598—1：2003 灯具 第1部分：一般要求和试验及修订（2006）

IEC 62471：2006 灯和灯系统的光生物学安全

ISO 4046—4：2002 纸、纸板、纸浆及其术语 词汇 第4部分：纸和纸板的等级和加工产品。

---

[1] 等同采用就是说没有作任何改动的引用。

[2] 其中IDT表示等同采用的意思。

3. 术语和定义

下列术语和定义适用于本标准。对于 LED 和 LED 模块领域的术语和表达，参见 GB/T 24826。

（1）发光二极管（LED）

包含一个 PN 结的固体装置，当受到电流激发时能发出光辐射。发光二极管（LED 即 Light Emitting Diode 的缩写）是一种能把电能转换为光能的固体器件，它的结构主要由 PN 结芯片、电极和光学系统等组成。

（2）LED 模块（LED module）

LED 模块是一种组合式照明光源装置。除了一个或多个发光二极管外，还可包含其他元件，例如光学、机械、电气和电子元件，但不包括控制装置。

LED 模块一般只是加装了一些简单的上述元件，不是最终产品，一般要加上 LED 模块控制器才能与电源电网相连。

（3）自镇流 LED 模块（self-ballasted LED-module）

自镇流 LED 模块是设计为可以直接连接到供电电源的 LED 模块。

只要是外部供电电源（没有指定只有 220V 电网电源）都是本定义的范围。如果自镇流 LED 模块装有灯头，则认为其是自镇流灯。自镇流是从自镇流荧光灯引用而来的，从概念上讲只是限流而不是镇流。

（4）整体式 LED 模块（integral LED module）

整体式 LED 模块一般是设计灯具的不可替换的部件。

用环氧树脂等物质将整个 LED 模块及 LED 模块上的所有元器件与灯具黏结固定在一起，不可替换或拆卸，因此叫做整体式 LED 模块。

（5）整体式自镇流 LED 模块（integral self-ballasted LED module）

整体式自镇流 LED 模块一般也是设计灯具的不可替换的部件。

自镇流 LED 模块及自镇流 LED 模块上的所有元器件与灯具黏结固定在一起，不可替换或拆卸，否则，灯具就会损坏不可用。

（6）内装式 LED 模块（built-in LED module）

一般设计安装在灯具、接线盒、外壳或类似装置内部的可替换的 LED 模块，称之为内装式 LED 模块。在未采取特殊的保护措施时，它不应安装在灯具外。

（7）内装式自镇流 LED 模块（built-in self-ballasted LED module）

一般设计安装在灯具、接线盒、外壳或类似装置内部的可替换的自镇流 LED 模块，称之为内装式自镇流 LED 模块。在未采取特殊的保护措施时，它不应安装在灯具外。

（8）独立式 LED 模块（independent LED module）

设计为能与灯具、接线盒、外壳或类似装置分开安装或放置的 LED 模块，称之为独立式 LED 模块。独立式 LED 模块根据其分类和标志，必须具有所有相关的安全保护措施。

LED 模块控制装置应与 LED 模块分开，不必集成在模块内。如电脑充电器，随意放置和触摸，不会因温度超标或漏电等原因发生危险。

（9）独立式自镇流 LED 模块（independent self-ballasted LED module）

设计为能与灯具、接线盒、外壳或类似装置分开安装或放置的自镇流 LED 模块，称之为独立式自镇流 LED 模块。独立式自镇流 LED 模块根据其分类和标志，必须具有所有相关的安全保护措施。

控制装置可以集成在模块内。独立式自镇流 LED 模块随意放置和触摸都不会因温度超标或漏电等原因发生危险。

（10）额定最高温度 t_c（rated maximum tepmerature t_c）

在正常工作条件和额定电压、电流、功率或最大额定电压、电流、功率范围工作时，模块的外表面（如果已标记，则在标记位置）可能出现的最高温度。

有些企业在产品设计定型时就已标出 t_c 位置，对于未标出 t_c 位置的模块，可采用红外温度测试仪或热电偶在 LED 模块的外表面进行温度测量，找到 LED 模块外表面的最热部位。

4. 一般要求

（1）模块的设计和结构应能使其在正常使用过程中（参见制造商的说明书）不对使用者或周围环境造成危害。

这是安全标准制定的宗旨和出发点。依据标准要求对产品进行全部的型式试验，检验产品是否符合标准要求。对于有些新产品在标准中没有明确条款适用或套用比较模糊，可用该条款判定是否符合安全要求。

（2）除另有规定外，LED 模块的所有电气测量均应在制造商规定的温度允许范围内及无对流风的环境中进行。应采用电压限值（最小或最大）或功率限值（最小或最大）和最小频率进行试验，除制造商指明最典型的组合状态外，电压、电流、功率、温度的所有组合状态（最大或最小）都要进行试验。

LED 的电光参数受温度的影响很大，LED 工作时，过高的工作温度或过大的工作电流将会使 LED 的发光效率快速降低，产生明显的光衰，甚至对 LED 造成永久性破坏。散热良好的装置可以使 LED 的工作温度相对降低些，使 LED 可以在相对较大的电流下工作。

（3）对于自镇流 LED 模块，要采用标称电源电压的容差限值进行电气测量。

LED 模块的最大发热或最高温度并不一定出现在标称电源电压时，也可能出现在电源电压范围的其他电压时，因此，须在标称电源电压的容差限值进行电气测量。

（4）没有独立外壳的整体式模块应按 GB 7000.1（等同 IEC 60598—1：2003）的 0.5 章定义的灯具的整体部件处理。该模块应安装在灯具内，使用本标准进行测试。

整体式模块本身没有独立外壳，通常由 PCB 和电子元件构成，与灯具连为一体不能分开，因此，测试应保持在灯具中。

（5）独立模块除符合本标准外，还应符合本标准中没有包括的 GB 7000.1 的相应条款的要求。

独立模块有独立外壳，可随意放置在可燃材料或非可燃材料表面，可以经常调整和移动位置，因此，还应按灯具标准 GB 7000.1 的相应条款进行检验。

（6）如果模块是由工厂灌装的组合部件，则在进行任何测试时不应将其打开检验。如果需要检验模块和测试其电路，则应与制造商或销售商联系，让其提供专为模块故障状态试验的模块。

灌装的模块，一旦打开，则破坏了其原始状态，测试结果可能发生偏离。当怀疑其灌装状态可能会发生一些其他的故障状态，影响产品安全，则可要求制造商或销售商另行提供非灌装的样品，进行相关测试。

5. 试验说明

（1）本标准所述试验均为型式试验。

试验分为型式试验、出厂试验、交收试验和例行试验等几种。

型式试验：对生产企业提供的某一组样品，按相应的标准进行全项目的试验，由于是对企业提供的样品进行试验，因此，型式试验一般仅证明企业提供的样品设计符合标准要求，做出合格与否的结论。

出厂试验：企业内部已完成加工的产品，按规定的检验方案进行检验，检验项目一般为在生产过程中比较容易出问题的项目或产品最关键的安全、性能项目，以保证批量产品合格。

交收试验：按供需双方的约定，对交付的产品进行抽样试验。检验项目依据约定的方案开展，目的是为了验证交付的产品是否符合约定的要求。

例行试验：在出厂试验的基础上，由生产企业进行定期的按事先规定的方案进行的抽检，并按标准规定进行大部分或全部分的试验项目的验证。目的在于证明在该区间产品的材料、工艺和质量控制是否能保证满足规定的要求。

由于型式试验是在一个或多个样品上进行，样品的参数是一定的，而大量生产的产品中参数是有公差的，某一制造商的型式试验样品的合格，并不能保证其全部产品符合本安全要求。制造商有责任保证产品的一致性，除了进行型式试验之外，还可采取例行试验和质量保证措施。

（2）各项试验均应在10～30℃的环境温度下进行，另有规定时除外。

本条环境试验温度是指在进行标志、结构等对环境温度无明显要求的项目时，试验室的环境温度应在10～30℃。

（3）用于型式试验的样品应包含能满足型式试验中一个或多个条款，但另有规定时除外。

通常，全部试验要在每一种类型的模块上进行，如果试验时涉及一系列类似的模块，则应与制造商取得一致的意见，以该系列中每一种功率的产品或从该系列中选取有代表性的产品进行全部试验。

（4）如果一个模块的光输出已发生易察觉的变化，则该模块不应用于做进一步的试验。

通常，若有50%的值发生变化，则表明模块已发生不可逆的变化，这个LED模块将不能用于进一步的试验。

（5）对于给在安全特低电压下工作的LED模块供电的独立式电子控制装置，还应符合GB 19510.14—2009附录Ⅰ中的要求。

GB 19510.14—2009附录Ⅰ即LED模块用独立式安全特低电压（SELV）直流或交流电子控制装置的特殊补充要求。

试验的一般条件在本标准的附录A中给出。

6. 分类

按照安装方法，模块可分为内装式、独立式和整体式。

对于整体式模块，GB 7000.1中的注释适用。

模块的分类应当结合样品的实际情况，对照标准中对内装式、独立式、整体式 LED 模块的定义进行判定。

7. 标志

标志是安装、使用和维修的重要依据，是确保安全的重要内容。本标准从安全的角度规定了标志的内容、位置及试验方法。

（1）内装式或独立式模块的强制性标志

a）来源标志（商标、制造商名称或销售、供应商名称）。

b）型号或制造商的类型符号。

c）下述之一：

① 额定电源电压或电压范围、电源频率。

② 额定电源电流或电流范围、电源频率（电源电流可在制造商的产品说明书中给出）。

③ 额定输入功率或功率范围。

这是针对现在 LED 模块采用的电路形式而提出来的。对于恒压型的，需标注额定电源电压或电压范围、电源频率；对于恒流型的，需标注额定电源电流或电流范围、电源频率；对于恒功率型的，需标注额定输入功率或功率范围。

d）标称功率。

e）为保证安全所必须的连接的位置和用途的标志。如果有连接导线，则线路上应明确表示出。

线路图是为了给使用者正确使用产品提供相关的信息，应清晰、通用且易于识别。

f）t_c 值，如果该值涉及模块上的某一确定的位置，则应标明该位置或在制造商的产品说明书中做出规定。

LED 模块工作时，各处的温度是不同的，应标出最高温度 t_c 值所处的位置。

g）对于保护眼睛的标志，见 IEC 62471：2006 的标志要求。

由于 LED 的光辐射对眼睛有伤害，故应标示出保护眼睛的标志，提醒使用者注意保护眼睛。

h）内装式模块上应有能将其与独立式模块分开的标志。标志应标在包装上或模块上。

内装式模块与独立式模块的使用场合不一样，在标志上作适当的标注，避免混用。

（2）标志的位置

上述 a）、b）、c）和 f）所述标志应标在模块上。d）、e）、g）和 h）所述标志应标在模块上的明显位置或在模块的说明书中给出。

整体式模块不要求有标志，但上述 a）～g）的内容应在制造商的技术文件中给出。

（3）标志的耐久性和清晰度

标志应清晰耐久。

上述 a）、b）、c）和 f）所述标志的合格性通过目视和用一块浸水的光滑布轻轻擦拭标志 15s，然后再用一块被汽油浸泡过的布轻轻擦拭标志 15s 来检验。

试验后标志应清晰明了。

上述 d）～h）所述标志的合格性通过目视法检验。

通过目视来检验标志的内容是否完整且符合标准要求，用浸水、浸汽油的光滑布轻轻擦拭标志来检验标志的清晰耐久性。标志内容齐全，清晰明了，不发生模糊、卷边现象的判定为合格。

8. 接线端子

螺纹接线端子应符合 GB 7000.1 第 14 章的适用要求。

无螺纹接线端子应符合 GB 7000.1 第 15 章的适用要求。

连接件应符合 GB 19651.3—2008 的适用要求。

目前 LED 模块的引出端子主要有：螺纹接线端子、无螺纹接线端子和连接件。对接线端子进行测试时，应依据 GB 7000.1 的要求进行测量和判定。对于所使用到的连接件应符合 GB 19651.3—2008 的要求。

9. 保护接地装置

GB 19510.1—2009 第 9 章的要求适用。

接地装置按螺纹接线端子和非螺纹接线端子分类，在可靠性方面要求其能锁定，即在紧固后不用工具不能松动，而且具有低电阻性。接地端子只允许用于接地，不允许兼有其他功能。

对 LED 模块的接地装置的测量，按标准要求，空载电压不超过 12V，产生的电流至少为 10A，分别接在接地端子与可触及的金属部件之间，测得的接地电阻不得超过 0.5Ω。

10. 防止意外接触带电部件的措施

GB 19510.1—2009 第 12 章的要求适用。

由于 LED 模块内部装有大于 0.5μF 的电容，应在带负载和不带负载条件下分别接通电源，测量断电 1min 后，其输出接线端子上的电压小于 50V 为合格。对于独立式的 LED 模块，还需满足防触电保护的部件要有足够的机械强度，正常工作时不应松动，且徒手不能拆下，在跌落和碰撞后，不会使带电部件外露。

11. 防潮和绝缘

GB 19510.1—2009 第 11 章的要求适用。

潮态试验的温度（即潮湿试验温度）t 可在 20～30℃ 范围内选定，并在试验过程中保持选定 t 值在 $t±1℃$ 范围内，湿度在 91%～95% 范围内，48 小时后，进行绝缘电阻试验。若 LED 模块表面有凝露，允许用绵纸吸去，然后进行试验。可用如图 5-1 所示绝缘电阻测试仪测试绝缘电阻。

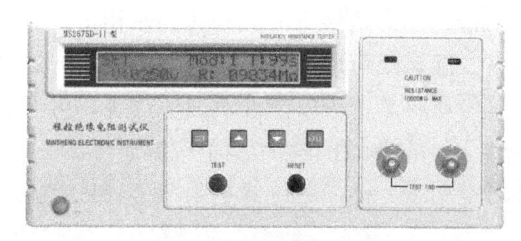

图 5-1 绝缘电阻测试仪

12. 介电强度

GB 19510.1—2009 第 12 章的要求适用。

在潮态试验内,绝缘电阻测试完成之后进行介电强度测试,可用介电强度测试仪来实现。

13. 故障状态

（1）一般要求

当模块在预期的使用期间内可能出现的故障状态下工作时,其安全性不应降低。除了满足 GB 19510.1—2009 第 14 章的要求外,还应满足下列试验的要求。

试验中所施加的各种故障状态以前一故障状态的试验实施后,尽可能不影响后一故障状态的试验为原则,来依次施加各种模拟的故障状态,且每次只能施加一种故障状态。

对于用自凝固剂灌封的封闭式 LED 模块,一般不施加被封闭部位的故障状态,但对电路检查后如有疑问,也可对输出端子间进行可能发生的模拟短路试验或要求制造商提供未灌封的产品（专用测试样品）进行这一项目的试验。

试验时,应把 LED 模块与电源连接并使其正常工作,电源电压应调整在 $0.9U_N \sim 1.1U_N$ 间的任一电压值,并把 LED 模块外壳温度保持在 t_c 值的情况下,依次施加各种故障状态（如半导体元件的开路或短路等）。每一种故障状态要施加到使 LED 模块达到稳定状态,然后测量 LED 模块的外壳温度,不得出现危及安全的高温。

（2）过载状态

试验应在标准的附录 A 所述的环境温度下进行。

接通模块电源,监测功率（输入端）并使达到额定电压、电流或功率时输入功率增加到 150%。试验继续进行直到模块达到热稳定状态。如果 1h 内温度变化不超过 5K,则认为达到了稳定状态。应在 t_c 标志点测量该温度。模块应能承受过载状态至少 15min,如果温度变化≤5K,则该时限可以处于稳定期间内。

合格判定：模块应能承受过载状态至少 15min。

如果模块包含一个限制功率的自动保护装置或电路,则模块要经受 15min 的功率限制的工作条件。如果自动保护装置或电路能有效限制功率超过 15min,且只要模块满足本部分内容中的"4.一般要求（1）"和"13.故障状态（2）"中试验的检验结果,则模块的该试验合格。

这里给出了带有限制功率的保护电路或类似装置的 LED 模块应当满足的要求,对于这类 LED 模块同样也要经受得住 15min 的过载试验。

过载试验后,使模块工作在正常条件下,直到达到热稳定。

如果模块上没有产生火、烟雾或可燃气体,并且能承受 15min 的过载状态,则该模块故障性能可靠。为了检验熔化材料是否对安全性造成了危害,可将 ISO 4046—4：2002 的 4.187 所述的薄绵纸铺在模块下,试验期间薄绵纸不应被引燃。

试验后,样品恢复到环境温度,样品的绝缘电阻应≥1MΩ。

14. 制造期间合格性测试

合格性测试在标准的附录 C 中给出，要求企业在生产过程中所有的产品应 100%进行该项测试，同时测量在额定电压、电流下输入功率的大小，测量输入功率可用电参数测试仪。

任何模块的光通量均不应明显比其他模块的光通量低，测量光通量可用光电色综合测试仪，如图 5-2 所示。

对于独立式和内装式模块，GB 7000.1 的附录 Q 适用，但不进行极性检验。

图 5-2　STC4000 LED 快速光色电综合测试系统图

15. 结构

木料、棉织品、丝绸、纸和类似纤维不应被用做绝缘。

合格性用目视检验。

16. 爬电距离和电气间隙

GB 7000.1 第 11 章的要求适用。

绝缘材料间的爬电距离应从端子内带电部件开始测量，电气间隙则应从电源线裸露导线开始测量。常用的测量工具有塞规、游标卡尺等。

17. 螺钉、载流部件和连接件

GB 19510.1—2009 第 17 章的要求适用。

（1）电气连接件

a）电气连接不能采用塑性绝缘材料来传递触压力。陶瓷、纯云母等相同性质的材料除外，金属部件有足够的弹性以补偿绝缘材料可能的收缩的除外。

b）自攻螺钉不能用来连接载流部件。自攻螺钉将这些零部件相互直接接触地夹紧，装有锁紧装置的除外。

c）自切螺钉不能用来连接如铝或锌等软而且易于蠕变的金属载流部件。

d）既作机械连接又作电气连接的螺钉和铆钉应锁紧，防止松动。

（2）载流部件

a）载流部件须由铜、含铜至少 50%的合金或至少具有相同性能的材料制成。

b）载流部件应耐腐蚀，或者具有足够的防腐保护。

c）带电部分不得直接与木材接触。

(3) 电气—机械连接件

电气—机械连接点应能经受正常使用时的电应力,对于 LED 模块中具有既作电气连接,又作机械连接的部件,应在这一连接点通以 1.5 倍额定电流值,其压降应≤50mV。

(4) 螺钉与机械连接件

a) 失灵后会造成不安全的螺钉和机械连接件应能经受住一般情况下可能出现的机械应力。

b) 螺钉不应是软金属或易于蠕变的金属,如锌和某些等级的铝。

(5) 与绝缘材料螺纹相结合的螺钉或螺母

与绝缘材料螺纹相结合的螺钉或螺母的啮合长度至少应为(3+螺钉标称直径/3)mm,但长度不需超过 8mm。

18. 耐热、防火及耐漏电起痕

GB 19510.1—2009 第 18 章的要求适用。

耐热由球压试验来检验,试验温度为(部件温度+25℃)±5℃,压痕直径不得超过 2mm。

耐燃烧由针焰试验来检验,试验火焰施加 10s,移去后自然燃烧不超过 30s,滴下物不引燃样品下 200mm 处水平展开的一张薄纸。针焰试验仪如图 5-3 所示。

防火由 650℃灼热丝试验来检验,灼热丝作用在样品上 30s,灼热丝移去后样品上的火焰或辉光应在 30s 内熄灭,滴下物不引燃样品下 200mm 处水平展开的一张薄纸。

耐漏电起痕由漏电起痕试验来检验,电极之间不得出现闪络或电击。

图 5-3 针焰试验仪

19. 耐腐蚀

GB 19510.1—2009 第 19 章的要求适用。

对于生锈后会危及 LED 模块安全的铁质部件,外表面涂漆(包括有色漆和绝缘清漆)可不做耐腐蚀试验,如没有采取防锈措施,则应进行耐腐蚀试验。

应用提示

对于产品以什么来衡量其质量的优劣,就是产品标准。目前,灯具的有关标准要求几乎完全覆盖了对各种采用 LED 光源的灯具的考核内容。对各种采用 LED 光源的灯具必须满足该种灯具对应的安全要求、电磁兼容(EMC)要求和配光要求及现场照明效果的考核标准。

二、理解 GB 19510.14—2009《灯的控制装置 第 14 部分：LED 模块用直流或交流电子控制装置的特殊要求》

GB 19510《灯的控制装置》分为 14 个部分
第 1 部分：一般要求和安全要求；
第 2 部分：启动装置（辉光启动器除外）的特殊要求；
第 3 部分：钨丝灯用直流或交流电子降压转换器的特殊要求；
第 4 部分：荧光灯用交流电子镇流器的特殊要求；
第 5 部分：普通照明用直流电子镇流器的特殊要求；
第 6 部分：公共运输工具照明用直流镇流器的特殊要求；
第 7 部分：航空器照明用直流电子镇流器的特殊要求；
第 8 邢分：应急照明用直流电子镇流器的特殊要求；
第 9 部分：荧光灯用镇流器的特殊要求；
第 10 部分：放电灯（荧光灯除外）用镇流器的特殊要求；
第 11 部分：高频冷启动管形放电灯（霓虹灯）用电子换流器和变频器的特殊要求；
第 12 部分：灯具用杂类电子线路的特殊要求；
第 13 部分：放电灯（荧光灯除外）用直流或交流电子镇流器的特殊要求；
第 14 部分：LED 模块用直流或交流电子控制装置的特殊要求。

本部分为 GB 19510 的第 14 部分。

本部分应与 GB 19510.1 一起使用，它是在对 GB 19510.1 的相应条款进行补充或修改之后制定而成的。

本部分的全部技术内容为强制性。

本部分等同采用 IEC 61347—2—13：2006《灯的控制装置 第 2～13 部分：LED 模块用直流或交流电子控制装置的特殊要求》。

本部分由中国轻工联合会提出。

本部分由全国照明电器标准化技术委员会（SAC/TC 224）归口。

本部分为首次制定。

1. 范围

GB 19510 的本部分规定了使用 250V 以下直流电源和 1000V 以下、50Hz 或 60Hz 交流电源的 LED 模块用电子控制装置的特殊安全要求，该电子控制装置的输出频率不同于电源频率。

本部分中规定的 LED 模块控制装置是设计在安全特低电压或等效安全特低电压或更高的电压下，能够为 LED 模块提供恒定的电压或电流的控制装置。非纯电压源和电流源类型控制装置也包括在本部分之内。

2. 规范性引用文件

下列文件中的条款通过 GB 19510 的本部分的引用而成为本部分的条款。

本部分采用 GB 19510.1—2009 第 2 章所述规范性引用文件以及下述规范性引用文件：

GB 7000.6 灯具 第 2 部分：特殊要求 第 6 章：内装变压器的钨丝灯灯具（GB7000.6—2008，IEC 60598—2—6：1996，IDT）

GB/T 7676（所有部分）直接作用模拟指示电测量仪表及其附件（GB/T 7676—1998，IDT IEC 60051）

GB/T 11021—2007 电气绝缘 耐热性分级（IEC 60085：2004，IDT）

GB/T 13539.2 低压熔丝 第 2 部分：供指定人员使用的熔丝的补充要求（工业用熔丝）（GB/T 13539.2—2008，IEC 6026—2：1986，IDT）

GB 13539.3—1999 低压熔断器 第 3 部分：非熟练人员使用的熔断器的补充要求（主要用于家用和类似用途的熔断器）（IDT IEC 60269—3：1987）

GB 19510.1—2009 灯的控制装置 第 1 部分：一般要求和安全要求（IEC 61347—1：2007，IDT）

IEC 60065：1985 音频、视频及类似电子设备 安全要求

IEC 60083：2004 IEC 成员国已标准化的家用及类似用途的插头插座

IEC 60127（所有部分）微型熔断器

IEC 60269—2—1：2004 低压熔断器 第 2-1 部分：供指定人员使用的熔断器的补充要求（工业用熔断器）第Ⅰ～Ⅴ章：标准化熔断器的类型实例

IEC 60269—3—1：2004 低压熔断器 第 3 部分：供非专业人员使用的熔断器（家用和类似用途的熔断器）的补充要求第Ⅰ～Ⅳ章

IEC 60317—0—1：1997 特种绕组线规范 第 0 部分：一般要求 第 1 节：漆包圆铜线

IEC 60384—14：2005 电子设备用固定电容器；第 14 部分：分规范：抑制电磁干扰和连接供电电源用固定式电容器

IEC 60417—DB：2002[①]设备用图形符号

IEC 60454（所有部分）电工用压敏粘胶带的规范

IEC 60529：1989 由外壳提供的防护等级（IP 代码）

IEC 60598—1：2003 灯具 第 1 部分：一般安全要求与试验 及 IEC 60598—1 修订 1（2006）

IEC 60906（所有部分）家用和类似用途插头和插座的 IEC 系统

IEC 60906—1：1986 家用和类似用途插头插座的 IEC 系统

IEC 60950—1：2005 信息技术设备的安全

IEC 61558—1：1998 电力变压器、电源装置及类似设备的安全

3. 术语和定义

GB 19510.1—2009 第 3 章所确定的及下列术语和定义适用于本部分。

（1）LED 模块用电子控制装置

置于电源和一个或多个 LED 模块之间，为 LED 模块提供额定电压或电流的装置。此装置可以由一个或多个独立的部件组成，并且可以具有调光、校正功率因数和抑制无线电干扰的功能。

---

① "DB" 指 IEC 在线数据库。

（2）直流或交流控制装置

利用直流或工频交流电源，能使一个或几个 LED 模块稳定工作的控制装置。

（3）等效安全特低电压控制装置

输出电压为安全特低电压，能使一个或多个 LED 模块工作的内装式或组合式控制装置。控制装置的输出端与电源及其连接导线之间相互隔离或强化绝缘或双重绝缘。

（4）独立式安全特低电压控制装置

输出电压为安全特低电压，其输出端与电源及其连接导线之间具有隔离或强化绝缘或双重绝缘的 LED 模块用电子控制装置。控制装置具有所标称的独立式灯的控制装置应该有的防护功能。

（5）组合式控制装置

设计用来向特定的设备或仪器供电的控制装置，它可以装在或不装在这种设备或仪器中。

（6）固定式控制装置

固定安装的控制装置或者不易从一个位置移到另一个位置的控制装置。

（7）插入式控制装置

安装在外壳之内并具备用来连接电源的整体式插头的控制装置。

（8）恒压控制装置的额定输出电压

在额定电源电压、额定频率和额定输出功率下，控制装置的输出电压。

（9）恒流控制装置的额定输出电流

在额定电源电压、额定频率和额定输出功率下，控制装置的输出电流。

（10）发光二极管（LED）

LED 是英文 Light Emitting Diode 的缩写，它是包含一个 PN 结的固体装置，当受到电流激发时能发出光辐射。

（11）LED 模块

作为照明光源的单元，除一个或多个 LED 外，还可以包括其他元件，如光学、电气、机械和电子元件。

（12）最大输出电压

在任何负载条件下，恒流控制装置的输出端子之间可能出现的最大电压。

4．一般要求

GB 19510.1—2009 第 4 章的要求及下述补充要求：

（1）独立式安全特低电压控制装置应符合附录 I 的要求。这包括对绝缘电阻、介电强度、外壳的爬电距离和电气间隙的要求。

（2）非纯电压源和电流源类型的控制装置根据电压源和电流源的要求进行试验，控制装置与哪个的电气特性接近就按照其要求进行试验。

本标准要求区分控制装置是属于恒压控制型还是恒流控制型，然后再来决定采用对应的试验方法，对于既不是恒压控制型也不是恒流控制型的控制装置，根据其特性更接近于哪一类就按照这一类进行试验。

5. 试验说明

（1）本标准所述试验均为型式试验。

（2）对于本标准第 6 章～第 12 章和第 15 章～第 21 章所规定的试验，提交一个样品，即用一个样品进行检验。

（3）对于本标准第 14 章的试验提交一个样品（必要时，可与制造商协商要求补充样品）。

本标准第 14 章故障状态试验时，由于有多种状态，应具备多个样品才能可靠完成要求的试验，而本标准第 15 章～第 21 章试验时，往往会发生样品损坏的现象，因此，型式试验样品数量一般不少于 6 个。

6. 分类

控制装置按照 GB 19510.1—2009 的第 6 章给出的安装方法及下述方法进行分类：

控制装置在实际使用中防电击是一个重要因素，因而控制装置可按防电击保护措施进行分类。

（1）采用等效安全特低电压或隔离式控制装置，这种类型的控制装置能代替具有强化绝缘的双线圈变压器。

（2）采用自耦式控制装置，此装置具有自耦式绕组。

（3）采用独立式安全特低电压控制装置，这种装置具有隔离变压器，能把电源和输出隔离。

7. 标志

（1）强制性标志

按照 GB 19510.1—2009 的 7.2 要求，控制装置应清晰耐久地标志下述强制性标志，整体式控制装置除外。

a）来源标记（商标、制造商或者供应商名称），在中国经销的产品必须有中文的制造商名称。

b）型号或制造商的类型符号。

c）如果是独立控制装置，则标识 ⌂。

d）如果控制装置是由多个部件组成，则必须用线路图方式标明各部件的连接方式和对应的部件参数。

e）额定电源电压（可以有几个额定电压）电压范围，电源频率和电源电流，电源电流可在制造商的产品说明书中标出。

f）接地符号有保护接地⏚，功能接地⏚，底板接地⏚，这些符号是用来识别接地的接线端子，不应标在螺钉或其他易于移动的部件上。

g）用电路图形式标明接线端子的位置和用途。

h）t_c 值是电子类照明控制装置在正常工作条件下，外壳表面上的某一部位可能产生的最大允许温度。如果该值涉及灯的控制装置上的某一个部位，则制造商的产品目录对该部位应加以指明或有所规定。

i）如果控制装置带有过热保护器，对于定温式，则应标上▽，三角形中的三个点表示额定最大外壳温度，按 10℃的幅度增加。如三角形中标有 120，则表示外壳最高温度限制在 120℃。

j）恒压类型应标出额定输出电压。

k）恒流类型应标出额定输出电流和最大输出电压。

l）如果可能的话，应指出控制装置仅仅适用于 LED 模块操作。

（2）补充标志

除上述强制性标志外，还应将下述适用内容标在控制装置上，或标在制造商的产品目录或类似说明书中。

a）如果控制装置具有独立的防止意外接触带电部件的功能，应按照明电器要求对防触电能力加以标注。

b）如果控制装置采用接线端子，则必须标出接线端子所适用的连接导线横截面。

c）非整体式控制装置必须标出与其配套的 LED 模块的功率或功率范围，当 LED 模块数量在一只以上时也应标明。

d）如果控制装置的输出绕组在内部与电源有连接，如自耦式控制装置，则必须标明输出的任一端子可能出现对地高电位。

e）如果是等效安全特低电压控制装置，则必须标明控制装置输入与输出端子之间具有双重绝缘或强化绝缘的功能，并且其输出电压为安全超低电压。

标志的合格判定与"GB 24819—2009 7.标志"合格判定类同。

8. 防止意外接触带电部件的措施

除了常规的对防止意外接触带电部分的规定，该标准还针对 LED 模块用控制装置的特性进行了如下规定。

a）对于等效安全超低电压控制装置，可触及部件应通过双层或加强绝缘与带电部件绝缘。

b）如果有下列情况，安全超低电压或者等效安全超低电压控制装置的输出电路可以有外露接线端子：

① 带载情况下恒压源的额定输出电压或恒流源的最大输出电压有效值不超过 25V；

② 空载情况下输出电压有效值不超过 33 V，其峰值不超过 $33\sqrt{2}$ V。

合格性通过下述试验进行检验。

控制装置在额定电源电压和额定频率下达到稳定状态，测量输出电压。在带负载试验，应给控制装置装上一个在额定输出电压下能产生额定输出的电阻。

对于具有一个以上额定电源电压的控制装置，本要求适用于每一个额定电源电压。

c）额定输出电压在 25V 以上控制装置需要有绝缘接线端子。

d）如果控制装置内与电源具有导电连接的电路与等效安全特低电压的输出端之间跨接有电容或电阻时，应采用具有相同参数的两个电容或两个电阻串联后，作为一个电容或电阻使用。

9. 接线端子

GB 19510.1 第 8 章的要求适用。

对螺纹接线端子，在一般情况下应适宜用来连接不作特殊处理（如上焊锡）的软线缆。

对于无螺纹接线端子，一般都采用非永久性连接的方式，既当导线与接线端子连接后，可多次拆下或连接。

引出导线，对于非独立式 LED 控制装置，一般属于灯具的内部导线，所以一般应做到导线横截面积 $\geqslant 0.5 \text{mm}^2$。而对于独立式 LED 控制装置，一般属于灯具的外部导线，所以一般应做到导线横截面积 $\geqslant 0.75 \text{mm}^2$。

10. 保护接地装置

GB 19510.1 第 9 章的要求适用。

保护接地装置与"GB 24819—2009 9.保护接地装置"要求类同。

11. 防潮和绝缘

按照 GB 19510.1—2009 第 11 章的要求（与"GB24819—2009 11.防潮和绝缘"要求类同）及下述补充要求。

规定对于等效安全超低电压控制装置，输入输出端子应没有黏合在一起；对于双重或加强绝缘，绝缘电阻应 $\geqslant 4 \text{M}\Omega$。

12. 介电强度

按照 GB 19510.1—2009 第 12 章的要求（与"GB 24819—2009 12.介电强度"要求类同）及下述补充要求。

对于介电强度，要求等效安全超低电压控制装置中隔离变压器的绕线绝缘条件满足 IEC 60065：1985 的 14.3.2 中的相应要求。

13. 绕组的耐热试验

不进行绕组的耐热试验。

14. 故障状态

控制装置在设计上应能保证其在故障状态下工作时，不会喷出火苗或融化的材料，并不会产生可燃气体。防止意外接触带电部件的保护措施不应被损坏。

在故障状态下工作是指对样品一次施加下列规定的每一种故障状态，以及由此而必然产生的其他故障状态，并且每次只允许一个部件置于一种故障状态：

将爬电距离和电气间隙短路；

将半导体装置短路或断开，每次只应将一个元件短路或断开；

将由漆层、瓷漆或纺织物构成的绝缘层短路；

将电容电压短路。

此外，该标准还特别规定了对于贴有▽标识的控制装置应满足的特殊要求。

15. 变压器的加热试验

该标准分正常工作条件和非正常工作条件对变压器的温升限值进行了规定。其中，在正常操作条件下，应满足 IEC 60065：1985《音频、视频及类似电子设备 安全要求》的表

3 "设备零部件的允许温升"中第 2 列值的要求；在故障条件或异常条件下，应满足该表中第 3 列值的要求，如表 5-4 所示。

表 5-4　IEC 60065：1985 中表 3 设备零部件的允许温升值

设备零部件	正常工作条件（K）	故障条件（K）
a）可触及零部件	30	65
旋钮、手柄等：——金属	50	65
外壳：——金属　——非金属	40	65
——非金属	60	65
b）提供外部绝缘的零部件		
用下列材料的电源线盒导线绝缘		
——聚氯乙烯或合成橡胶	60	100
——不承受机械应力	45	100
——承受机械应力	45	100
——天然橡胶		
用下列材料组成的其他绝缘	允许温升值另规定	允许温升值另规定
——热塑性材料	55	70
——未浸渍纸	60	80
——未浸渍纸板	70	90
——浸渍棉纱、丝、纸和织物		
——以纤维素和织物为基材用下列材料结合的层压板	85	110
——酚醛、三聚氰胺甲醛、苯酚糠醛或聚酯	120	150
——环氧树脂		
——下列材料的模压件		
——酚醛或苯酚糠醛、三聚氰胺和三聚氰胺酚醛混合物加下列填料	100	130
——纤维素填料	110	150
——无机物填料	95	150
——热固性聚酯加无机物填料	95	150
——醇酸树脂加无机物填料		
——含下列材料的复合材料	95	150
——用玻璃纤维增强的聚酯	100	150
——用玻璃纤维增强的环氧树脂	145	190
——硅酮橡胶		
c）包括外壳内部用做支架和机械隔板的零部件	60	90
木材和木制材料		
热塑性材料	允许温升值另规定	允许温升值另规定
其他材料	允许温升值另规定	允许温升值另规定
d）绕阻线		
——用下列材料来绝缘	55	75
——未浸渍的纱、丝等	70	100
——浸渍的纱、丝等	70	135
——油基树脂材料	85	150
——聚乙烯醇缩甲醛或聚氨酯树脂	120	155
——聚酯树脂	145	180
——聚酰亚胺树脂		

续表

设备零部件	正常工作条件（K）	故障条件（K）
e）其他零部件		
这些温升值适用于未包括在a）、b）、c）和d）项的零部件	60	140
木材和木制材料的零部件	没有限值	没有限值
电阻器和金属、玻璃、陶瓷等	200	300
所有其他材料		
适用于本表的条件： 对热带气候，要求允许温升比本表的规定值低10K。温升值对温带是以最高环境温度35℃为基准，对热带是以45℃为基准		

IEC 60065：1985 中表3（即本书表5-4）所示的2栏和3栏所示温升值是基于最大环境温度35℃得出。由于试验在外壳温度为 t_c 的情况下进行，应测量相应的环境温度，并改动表3（即本书表5-4）所示中的数值。如果这些温升值高于相应绝缘材料的类别所允许值，则该类材料的特性是决定因素。如果所用的不是IEC 60085《电气绝缘 热评估和等级指定》中所列举的材料，最高温度不应超过被证明为令人满意的温度。

试验应在能使控制装置达到正常工作时的 t_c 的条件下进行。把控制装置内有关的材料贴上表面热电偶，并尽可能使控制装置处于正常工作状态。对于异常状态（LED开路、输出端带有两倍的负载、输出端短路）加热试验应按照控制装置的内部电路和结构选用最严酷的一种或多种故障状态来进行试验。

对于模压式变压器，应提交带热电偶的并经过专门处理的样品进行试验。

16. 异常状态

控制装置在异常状态下工作时不应损害其安全性。在进行下面两个短路试验时应采用两根长度分别为20cm和200cm的输出电缆，制造商另有声明的除外。

（1）恒压输出型控制装置

合格性采用在额定电源电压的90%～110%的任一电压下所进行的下述试验进行检验。根据制造商的说明（如有规定，包括散热片），下述每个条件都应施加在控制装置上1h。

a）不连接LED模块。如果控制装置设计有多路输出，则应将连接LED模块的每一对相应的输出端开路。

b）两倍于控制装置设计连接的LED模块或等效负载并联在控制装置的输出端上。

c）将控制装置的输出端短路。如果控制装置设计有多路输出，应依次将每一对相应连接LED模块的输出端短路。

在a）～c）所规定的试验期间和试验结束时，控制装置不应出现任何损害安全性的故障，也不应有任何烟雾或可燃气体产生。

（2）恒流输出型控制装置

不应超过最大输出电压。

合格性采用在额定电源电压的90%～110%的任一电压下所进行的下述试验进行检验。

使控制装置按照制造商的说明开始工作（如有规定，装上散热片），再施加下述每一个条件并持续1h。

a）不连接LED模块。如果控制装置设计有多路输出，应依次将每一对相应连接LED

模块的输出端开路，然后同时断开所有连接 LED 模块的每一对相应的输出端子[①]。

b）两倍于控制装置设计连接的 LED 模块或等效负载串联在控制装置的输出端上。

c）将控制装置的输出端短路。如果控制装置设计有多路输出，应依次将每一对相应连接 LED 模块的输出端短路。

在 a）～c）所规定的试验期间和试验结束时，控制装置不应出现任何损害安全性的故障，也不应有任何烟雾或可燃气体产生。

该标准对控制装置的异常条件进行了规定，要求在异常条件下的操作应不影响控制装置的安全性。同时，分恒压输出的控制装置和恒流输出的控制装置两种情况对异常条件的测试进行了明确规定，并且要求在测试中或测试结束后，控制装置应无明显的影响安全性的缺陷。

17. 结构

除非材料经过树脂浸渍，木材、棉织物、丝绸、纸和类似纤维材料不应用做绝缘材料，印制线路允许为内部连接式。

输出电路的插口不应使用适用于 IEC 60083《在 IEC 成员国中使用的家用和类似用途标准化插头和插座引出线》和 IEC 60906《普通照明设备用的自镇流灯性能要求》的插头。

输出电路插口使用的插头也不应使用适用于 IEC 60083 和 IEC 60906 的插口。

合格性通过目视和人工试验进行检验。

18. 爬电距离和电气间隙

除了在故障条件下，GB 19510.1—2009 第 16 章的要求适用。对于交流 50Hz 或 60Hz 正弦电压下的最小爬电距离和电气间隙，如表 5-5 所示。

表 5-5　交流 50Hz 或 60Hz 正弦电压下的最小爬电距离和电气间隙

距离（mm） \ 不超过的工作电压（V）	50	150	250	500	750	1000
爬电距离						
基本绝缘 PTI≥600	0.6	1.4	1.7	3	4	5.5
<600	1.2	1.6	2.5	5	8	10
补充绝缘 PTI≥600	——	3.2	3.6	4.8	6	8
<600	——	3.2	3.6	5	8	10
加强绝缘	——	6	7	10	12.5	15
电气间隙						
基本绝缘	0.2	1.4	1.7	3	4	5.5
补充绝缘	——	3.2	3.6	4.8	6	8
加强绝缘	——	6	7	10	12.5	15

注：PTI 是英文 Proof Tracking Index 的缩写，表示耐电痕指数，其含义是在一绝缘材料表面的两个铂电极间施加一个电压，然后在两电极间滴上 50 滴规定浓度的稀氯化铵溶液，在 50 滴溶液滴光时，电极间没有出现闪络或电击，耐电痕指数就是指施加的这个电压值。

[①] 同时断开所有端子对于开路负载条件是很重要的。

带电部分与邻近的金属件之间应有足够的空隙。交流 50Hz 或 60Hz 正弦电压下的最小爬电距离和电气间隙应不小于表 5-5 规定的值。对于非正弦脉冲电压下的最小电气间隙，参见表 5-6 所示。

表 5-6　非正弦脉冲电压下的最小电气间隙

标准脉冲电压峰值（kV）	2.0	2.5	3.0	4.0	5.0	6.0	8.0
最小电气间隙（mm）	1.0	1.5	2	3	4	5.5	8

19. 螺钉、载流部件及连接件

GB 19510.1—2009 第 17 章的要求适用（与"GB 24819—2009 17.螺钉、载流部件和连接件"要求类同）。

20. 耐热、防火及耐漏电起痕

GB 19510.1—2009 第 18 章的要求适用（与"GB 24819—2009 18.耐热、防火及耐漏电起痕"要求类同）。

21. 耐腐蚀

GB 19510.1—2009 第 19 章的要求适用（与"GB 24819—2009 19.耐腐蚀"要求类同）。

三、理解 GB 19651.3—2008《杂类灯座 第 2-2 部分：LED 模块用连接器的特殊要求》

GB 19651《杂类灯座》分为 3 个部分：
第 1 部分：一般要求和试验；
第 2-1 部分：S14 灯座的特殊要求；
第 2-2 部分：LED 模块用连接器的特殊要求。
本部分为 GB 19651 的第 2-2 部分。
本部分应与 GB 19651.1—2008 一起使用，它是在对 GB 19651.1—2008 的相应条款进行补充或修改之后制定而成的。
本部分等同采用 IEC 60838—2—2：2006《杂类灯座第 2-2 部分：LED 模块用连接器的特殊要求》。
本部分的全部技术内容为强制性。
本部分由中国轻工联合会提出。
本部分由全国照明电器标准化技术委员会（SAC/TC 224）归口。
本部分为首次制定。

1. 概述

GB 19651.1—2008 中 1.2 所确定的及下列规范性引用文件适用于本部分。
GB/T 2423.10—2008 电工电子产品环境试验 第 2 部分：试验方法 试验 Fc：振动

（正弦）（IEC 60068—2—6：1995，Environmental testing-Part2：Tests-Test Fc：Vibration (sinusoidal)，IDT）

GB/T 2423.22—002 电工电子产品环境试验 第 2 部分：试验方法 试验 N：温度变化（IEC 60068—2—14：1984，Environmental testing-Part2：Tests-Test N: Change of temperature，IDT）

GB 19651.1—2008 杂类灯座 第 1 部分：一般要求和试验（IEC 60838—1：2004，IDT）

IEC 60068—2—30：2005 基本环境试验规程 第 2-30 部分：试验 试验 Db 和指南：循环湿热试验（12+12h 循环）

2. 术语和定义

GB 19651.1—2008 第 2 章所确定的及下列术语和定义适用于本部分。
（1）发光二极管 LED
（2）LED 模块 LED module
以上术语与"GB 24819—2009 3.术语和定义"定义类同。

3. 一般要求

按照 GB 19651.1—2008 第 3 章的要求。
灯座的设计与结构应能使灯座在正常使用时性能可靠，对人身及周围环境不产生危险。通常情况下进行标准中规定的试验来检验灯座的合格性。

4. 试验的一般条件

（1）试验为型式试验。
（2）除非另有规定，试验均应在 20℃±5℃ 的环境温度下，灯座处于使用的最不利的位置上进行。
（3）各项试验和检验应按照条款的顺序进行，受试样品（单端灯）总数规定为 10+3 个。
a）3 个样品进行第 3 章～第 15 章的试验；
b）3 个样品进行第 16 章耐久性试验和 GB 19651.1—2008 中 16.6 的试验；
c）1 个样品进行 GB 19651.1—2008 中 16.1 的试验；
d）1 个样品进行 GB 19651.1—2008 中 16.3 的试验；
e）1 个样品进行 GB 19651.1—2008 中 16.4 的试验；
f）1 个样品进行 GB 19651.1—2008 中 16.5 的试验和第 18 章的试验；
g）3 个样品进行本标准的 16（1）、16（2）和第 19 章所述每一项试验。
（4）如果上述所规定的全部试验中没有任何样品失败，则灯座应视为符合本部分。

5. 标准额定值

本部分规定了所适用的 LED 模块连接器的最大额定电压为 50V，最小额定电流为 10 mA，最大额定电流为 3A，额定工作温度范围为：−30～+65℃。

6. 分类

按照 GB 19651.1—2008 第 5 章的要求。

灯座基本分类如下说明。

（1）根据灯座的防触电保护情况分为：敞开式和封闭式。敞开式需要安装辅助装置（如外壳）才能达到本标准中防触电保护的要求。封闭式自身完全符合本部分的防触电保护要求。

（2）根据灯座的耐热性分为：额定工作温度在 80℃及以下和 80℃以上（带温度标志 T）的灯座。

一般来说，如果灯座上没有标注温度就是默认 80℃。

7. 标志

按照 GB 19651.1—2008 第 6 章的要求[①]。

（1）强制性标志

有来源标志、特有的产品目录号或识别标志等。

（2）补充标志

有额定电压、电流，额定工作温度，接线端子专用的导线规格及说明书等资料。

标志应当牢固耐久，易于识别。合格性通过目测和下述试验进行检验。

用一块浸水的光滑布轻轻擦试标志 15s，然后再用一块被汽油浸泡过的布轻轻擦标志 15s。试验后标志仍应清晰明了。

8. 防触电保护

按照 GB 19651.1—2008 第 7 章的要求。

嵌入式灯座的结构应能使灯座按正常使用安装或嵌装及接线时，其带电部件不应被人触及；

双端灯灯座按正常使用安装接线后，其结构应能使灯座的带电部件不被触及。

合格性可用 GB 4208—2008 规定的标准试验指进行检验。PTL 直形试验指如图 5-4 所示。

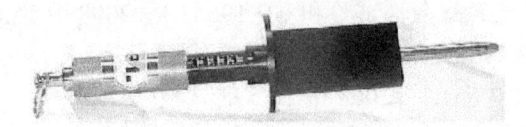

图 5-4 PTL 直形试验指

> **应用提示**
>
> 标准试验指是对家用和类似用途电器进行防触电保护试验的必备器具。其使用方法是：用一个 40V～50V 之间的电源，将电源的一端与一灯泡串联后与试验指的导线连接，另一端与被试样品连接，按规定将试验指与被试样品接触，灯泡点亮为不合格，否则合格。

---

① 小体积部件可以要求降低字母和符号的高度尺寸。

9. 接线端子

按照 GB 19651.1—2008 第 8 章的要求。

（1）灯座应至少具备下述连接装置之一

a）螺纹接线端子。

b）无螺纹接线端子。

c）推进式连接器的插头和插脚。

d）导线缠绕式接线柱。

e）焊接接线片。

f）连接引线。

接线端子的螺钉和螺母应是 ISO 公制螺纹。

（2）接线端子应符合下述要求

a）螺纹式接线端子应符合 GB 7000.1—2007 的第 14 章要求。

b）无螺纹接线端子应符合 GB 7000.1—2007 的第 15 章要求。

c）推进式接头或连接插脚应符合 GB 7000.1—2007 的第 15 章要求。

d）导线缠绕式接线柱应符合 IEC 60352—1 的要求。

e）焊接式接线片相应的要求在 GB/T 2423.28—2005 中给出。

f）连接引线应采用低温焊接、熔焊、夹紧或其他等效的方法连接在灯座上，引线的绝缘应符合 GB 7000.1—2007 中 5.3 相关要求。

合格性通过相应的试验来检验。

10. 接地装置

按照 GB 19651.1—2008 第 9 章的要求。

（1）除带连接引线的灯座外，带接地装置的灯座应至少有一个接地端子；

（2）在灯座上，发生绝缘故障时可能带电的、可触及金属部件应能可靠接地；

（3）接地端子应牢固锁定，防止意外松动；

（4）接线端子所用金属在与接地铜线接触时不应有发生锈蚀的危险；

（5）导线固定架的金属部件应与接地电路无关。

合格性通过目测进行检验。

11. 结构

除了满足 GB 19651.1—2008 第 10 章的要求外，还规定连接导线的最小横截面积为 $0.22mm^2$，如使用带状电缆（有时也称做扁平电缆），则其最小横截面积为 $0.09mm^2$。

12. 耐潮湿、绝缘电阻和介电强度

按照 GB 19651.1—2008 第 11 章的要求。

（1）灯座的潮湿试验在空气相对湿度为 91%～95%的潮湿试验箱内进行，潮湿处理后，灯座上不应出现本部分意义上的损坏。

（2）在对灯座施加约 500V 的直流电压，并持续 1min 后测量的绝缘电阻，应不小于

表 5-7 所示的值。

表 5-7　绝缘电阻最小值

受试绝缘部位	最小绝缘电阻（MΩ）	
	额定电压在 50V 以下（含 50V）	额定电压在 50V 以上
不同极性的带电部件之间	1	2
连接在一起的各带电部件与预计接地的外部金属部件之间	—	2
连接在一起的各带电部件与外部金属部件之间	1	4

（3）介电强度试验要求灯座的绝缘应能承受正弦交流 50Hz 或 60Hz，电压有效值如表 5-8 所示，并持续 1min。

表 5-8　介电强度试验电压值

在测量绝缘电阻的部件间	介电强度试验电压（V）	备　注
额定电压在 50V 以下（含 50V）的灯座	500	LED 模块用连接器最高额定电压为 50V
在灯座的灯触点之间	$2U$	U 为额定工作电压
在所有其他情况下	$2U+1000$	

试验期间不应有闪络或电击穿现象。

13. 机械强度

按照 GB 19651.1—2008 第 12 章的要求。

灯具或其他设备中的灯座的机械强度可使用 GB/T 2423.55—2006 所规定的弹性锤进行检验，试验之后，样品不应出现本部分意义上的严重损坏。

14. 螺钉、载流部件和连接件

按照 GB 19651.1—2008 第 13 章的要求。

螺钉、载流部件和连接件应能承受住正常使用时出现的机械应力，这些部件在发生故障时会使灯座不安全。

15. 爬电距离和电气间隙

按照 GB 19651.1—2008 第 14 章的要求。对于交流 50Hz 或 60Hz 正弦电压下的最小距离，如表 5-9 所示。

表 5-9　交流 50Hz 或 60Hz 正弦电压下的最小距离

距离（mm）	工作电压（V）			
	50	150	250	500
（1）不同极性带电部件之间　（2）带电部件与外部金属部件或永久固定在灯座上的绝缘材料件的外表面，包括固定盖火固定灯座到支撑上的螺钉和装置：　爬电距离　绝缘 PTI≥600	0.6	0.8	1.5	3

续表

距离（mm） 工作电压（V）	50	150	250	500
<600	1.2	1.6	2.5	5
电气间隙	0.2	0.8	1.5	3
（3）带电部件与安装表面或一个松动的金属盖之间，如果结构不能保证在最不利的环境下维持上述（2）的值：				
电气间隙	0.6	0.8	1.5	3

注：表中所规定的距离适用于脉冲承受类别Ⅱ（根据 IEC 60664—1）；
表中给出的爬电距离和电气间隙值是绝对最低限值。

16. 耐久性

当温度快速变化或在高湿度环境下，LED 模块用连接器应能与模块保持良好的电气接触。耐久试验后，所测得的灯座触点与连接件之间的电阻应不超过下述公式求出的值

$$0.045\Omega + (A \times n)$$

在公式中，如果 $n = 2$，则 $A = 0.01\Omega$；如果 $n > 2$，则 $A = 0.015\Omega$。其中，n 是指所测量的连接器和 PCB 间独立接触点的数目。

17. 耐热与防火

按照 GB 19651.1—2008 第 16 章的要求（与"GB 24819—2009 18.耐热、防火及耐漏电起痕"要求类同）。

18. 抗剩余应力（季裂性）和抗腐蚀性

按照 GB 19651.1—2008 第 17 章的要求。即要求：

（1）由轧制铜板材或铜合金制成的触点及其他部件，在发生故障时会使灯座不安全，这些部件不应由于剩余应力而被损坏。

（2）铁质部件生锈后会破坏灯座的安全性，应对这些部件采取充分的防锈措施。

19. 抗振动性能

LED 模块用连接器在正常使用中受到振动时应能和模块保持良好的电气接触。

合格性通过下述试验进行检验。

将符合 IEC 60061（如适用）的商品 LED 模块或 PCB 按制造商的说明书插入连接件并安装好。

然后，连接器和模块应接受 GB/T 2423.10—2008 要求的振动试验，详细步骤如下：

样品应接受 5 个扫频循环，频率范围在 10～500Hz，每一轴线持续 2h，加速度辐值应为 5g；

在试验期间，连接件不应出现影响其进一步使用的变化，尤其是影响接触有关的变化；

振动试验后，将受试组合件取出并检查是否连接器触点仍然和插入的模块接触良好。

从上面介绍的标准有关内容可得知，针对任何一种产品，一般都不是某一个标准能覆盖其完整的考核要求的，任一个产品标准都是针对某种产品的某一方面特性，并适用于某

一个范围。一般由多个标准相互补充，引用和相互支撑，从而组成一个完整的标准体系。

复习思考题

1. 试验分为_____试验、_____试验、_____试验和_____试验等几种。
2. 接地符号是用来识别接地的接线端子，符号⊕ ⏚ ⏉ 分别表示_____、_____和_____。
3. 试表述术语 LED 模块、直流或交流控制装置的定义。
4. GB 24819—2009《普通照明用 LED 模块 安全要求》安全标准制定的宗旨是什么？

任务三　LED 产品施工要求分析

举世瞩目的 2010 年上海世博会大量应用到 LED 照明技术，"一轴四馆"（即世博轴、主题馆、中国馆、世博中心和演艺中心）及世博会城市最佳实践区（沪上生态家）等建筑的外立面景观照明，都采用了 LED 照明技术，世博园夜景在灯光映衬下美妙绝伦，如图 5-5 所示是世博园夜景一瞥。

图 5-5　世博园夜景一瞥

上海市质量技术监督局于 2009 年 12 月 30 日发布了上海市地方标准 DB31/T 468.1—2009《采用 LED 技术的照明工程施工与验收规范第 1 部分：施工规范》和 DB31/T 468.2—2009《采用 LED 技术的照明工程施工与验收规范第 2 部分：验收规范》。标准自 2010 年 5 月 1 日起实施。对强化世博会 LED 照明工程施工质量的监督，规范 LED 照明工程施工，促进 LED 行业健康发展有着积极、重大的意义。

但由于 LED 照明工程的相关施工、工程验收标准尚未完善，工程应用中仍存在诸多问题亟待规范。

一、LED 产品施工注意事项

虽然 LED 具有光色多、寿命长、体积小、节能、环保和绿色等一系列优点，但是 LED

产品在设计和使用时也存在诸多需要研究与注意的地方。如完善的防静电措施及如何提高驱动的效率和散热的设计。LED 对散热条件的要求较高，如果管芯结温超过标准定值，将导致不可恢复性发光强度衰减。因此，除了使用时要有足够的散热措施外，还必须有合理的电路布局，尽量使 LED 保持良好的工作状态，充分发挥其寿命长的优点。

又如由于单个 LED 的电压仅为 1.5～3.5V（尽管也出现了高压交流 LED，但目前还没有广泛应用）不能像一般普通光源一样，可以直接使用电网电压，必须配置一个 LED 驱动电源。因此，LED 驱动电源的一致性和效率也就成为 LED 灯具设计的关键点。LED 驱动电源效率不高，不仅不能达到节能，反而还要想办法去解决散热问题，大大增加了开发和产品的成本。由于 LED 照明灯具需由多个 LED 组成，其参数存在离散性，除了通过预选、分类，尽量保证一致性外，还必须设计合理的灯具结构（包括 LED 的排列和位置布局）和研究合适的驱动电路，防止偶尔产生的能量集中而损坏部分 LED。多个 LED 组成一只照明灯具时，免不了对 LED 进行并联、串联。而在使用过程中只要有一个 LED 短路或开路，都将会导致整小片或整条 LED 熄灭，影响照明效果。

还有如果 LED 电源输出的一致性不好，就会出现色温的偏差，特别是照明产品影响就会更大。对防水产品的灯具还要注意防水的问题等。下面介绍几点关于 LED 产品在工程安装中应注意的事项。

（1）合理配置驱动电源

LED 驱动电源电压应当与灯具的电压相一致，特别要注意输入电源是直流还是交流，LED 驱动电源应具有过载、过流、短路保护功能，确保电源的可靠性。

（2）做好产品防水措施

LED 灯具在户外安装时，必须做好产品的防水措施，仔细检查各种有可能进水的部位，特别是线路接头位置。LED 灯具均自带用于连接的配套接头，在灯具相互串接时，先将配套接头的防水圈安装妥当，然后将配套接头对接，确定配套接头已插到底部后用力锁紧螺母即可。有闪烁、追逐、动画、字幕等显示效果的灯具安装时，LED 电源配套接头和 LED 驱动信号配套接头要分别连接好。

（3）加强产品检测工作

产品拆开包装后应认真检查灯具外壳是否有破损，如有破损请勿点亮 LED 灯具，并采取必要的修复或更换。

（4）严格控制灯具串接数量

可延伸的 LED 灯具，要注意复核可延伸的最大数量，不可超量串接安装和使用，否则会烧毁控制器或灯具。根据灯具的不同规格，LED 灯带最大串接长度为 15～100m 不等，LED 轮廓灯最大串接数量为 30～50 套。

（5）保证灯具安装安全牢固

LED 灯具安装时，如果遇到玻璃等不可打孔的地方，切不可使用胶水等直接固定，必须架设铁架或铝合金架后用螺钉固定；螺钉固定时不可随意减少螺钉数量，且安装应牢固，不能有飘动、摆动和松脱等现象；切不可安装于易燃、易爆的环境中，并保证 LED 灯具有一定的散热空间。

二、LED工程中的简易计算

LED作为驱动电路的负载，经常需要几个甚至上百个组合在一起构成发光组件，组合方式有串联、并联、混联及交叉连接方式等。驱动方式有恒压式、恒流式及开关式等。在LED工程应用中，将多个LED连接在一起使用时，正向电压U_F和电流I_F均须匹配，整个组件才能产生一致的亮度。了解LED工程中的简易计算方法，将有助于正确使用LED光源，从而提高LED产品的可靠性和使用寿命。

1. 由已知电源功率计算LED的数量

若电源额定输出功率为P，LED允许功耗P_m，则可配置的LED数量n为

$$n = P/P_m（n取所得数据的整数）$$

【例5-1】额定输出功率为10W的电源，在使用额定的正向电流为20mA，耗散功率为70mW条件下，可配置多少个LED？

可配置的LED个数

$$n = P/P_m$$
$$= 10 \times 10^3/70 = 142.86 \approx 143（即取所得数据的整数）$$

在需要使用比较多的LED产品时，采用混联方式，串、并联的LED数量平均分配。这样，分配在一个LED串联支路上的电压相同，同一串联支路中每个LED上的电流也基本相同，同时通过每个串联支路的电流也相近。

采用先串联后并联的线路简单，亮度稳定，可靠性高，并且对器件的一致性要求较低，不需要特别挑选器件，即使个别LED单管失效，对整个发光组件的影响也较小。在工作环境因素变化较大的情况下，使用这种连接形式的发光组件效果较为理想。

2. 对于恒压式驱动，由已知的输出电源电压计算每条支路串联LED数量及并联支路数

（1）计算每条支路的LED个数

若电源额定输出电压为U，LED额定正向电压U_F[①]，则每条支路LED串联的个数n为

$$n = U/U_F；（n取所得数据的整数最大值）$$

（2）计算并联支路数

若电源额定输出功率为P，LED允许功耗P_m，每条支路LED串联的个数为n，则并联支路数m为

$$m = P/(n \cdot P_m)$$

【例5-2】一个额定输出电压为直流24V，功率为10W电源，使用额定正向电流20mA，耗散功率为70mW，额定的正向电压为1.8V，可配置多少个LED？

---

① U_F值依不同发光颜色各有不同，用稳压电源驱动LED时，为了控制电流，通常需要串联电阻器。

先计算每条支路 LED 串联的个数

$$n=U/U_F$$
$$=24/1.8=13.33≈14（即取所得数据的整数最大值）$$

再计算并联支路数

$$m=P/(n·P_m)$$
$$=10×10^3/(70×14)=10.2≈10（即取所得数据的整数最小值）$$

即可以带 10 组支路，每条支路有 14 个 LED 串联构成的电路，共 140 个 LED。

3. 对于恒流式驱动，由已知的电源输出电流及 LED 的电流值计算出并联支路数及每条支路 LED 串联的数量

（1）计算并联的支路数

若电源额定输出电流为 I，LED 额定正向电流为 I_F，则并联支路数

$$m=I/I_F\ (m\ 取所得数据的整数最小值)$$

（2）计算每条支路串接 LED 个数

若电源额定输出功率为 P，LED 允许功耗 P_m，并联的支路数为 m。则每条支路 LED 串接的个数 n 为

$$n=P/(P_m·m)\ \ (n\ 取所得数据的整数)$$

【例 5-3】一个额定输出电流为直流 350mA，额定功率为 10W 电源，驱动耗散功率为 70mW，正向电流为 20mA 的 LED，可怎样配置？

先计算并联支数路

$$m=I/I_F$$
$$=350/20=17.5≈17（即取所得数据的整数最小值）$$

再计算每条支路 LED 串联的个数

$$n=P/(P_m·m)$$
$$=10×10^3/(70×17)=8.4≈8（即取所得数据的整数）$$

即可以带 17 组，每组 8 个 LED 串接，共 136 个 LED。

4. 线路损耗及线路压降的计算

设线路的电阻为 R_l，线路通过的电流为 I，则

线路压降　　$U_l=IR_l$

线路损耗的功率　　$P_l=IU_l=I^2R_l$

线路电阻　　$R_l=\rho\dfrac{L}{S}$

式中，L——电线长度；S——电线横截面积；ρ——电线电阻率（可查电工手册）

在日常生活中，经常会碰到诸如 24AWG、26AWG 等表示电缆直径的方法。其实 AWG（American Wire Gauge）是美制电线标准的简称，AWG 值是导线厚度（以英寸计）的函数。表 5-10 所示是 AWG 与公制、英制单位的对照表。其中，4/0 表示 0000，3/0 表示 000，2/0 表示 00，1/0 表示 0。例如，常用的电话线直径为 26AWG，即线径约为 0.4mm。

表 5-10 美制电线标准 AWG 与公制、英制单位的对照表

AWG	外径 公制（mm）	外径 英制（in）	截面积 （mm²）	电阻值 （Ω/km）	AWG	外径 公制（mm）	外径 英制（in）	截面积 （mm²）	电阻值 （Ω/km）
4/0	11.68	0.46	107.22	0.17	22	0.643	0.0253	0.3247	54.3
3/0	10.40	0.4096	85.01	0.21	23	0.574	0.0226	0.2588	48.5
2/0	9.27	0.3648	67.43	0.26	24	0.511	0.0201	0.2047	89.4
1/0	8.25	0.3249	53.49	0.33	25	0.44	0.0179	0.1624	79.6
1	7.35	0.2893	42.41	0.42	26	0.404	0.0159	0.1281	143
2	6.54	0.2576	33.62	0.53	27	0.361	0.0142	0.1021	128
3	5.83	0.2294	26.67	0.66	28	0.32	0.0126	0.0804	227
4	5.19	0.2043	21.15	0.84	29	0.287	0.0113	0.0647	289
5	4.62	0.1819	16.77	1.06	30	0.254	0.0100	0.0507	361
6	4.11	0.1620	13.30	1.33	31	0.226	0.0089	0.0401	321
7	3.67	0.1443	10.55	1.68	32	0.203	0.0080	0.0316	583
8	3.26	0.1285	8.37	2.11	33	0.18	0.0071	0.0255	944
9	2.91	0.1144	6.63	2.67	34	0.16	0.0063	0.0201	956
10	2.59	0.1019	5.26	3.36	35	0.142	0.0056	0.0169	1200
11	2.30	0.0907	4.17	4.24	36	0.127	0.0050	0.0127	1530
12	2.05	0.0808	3.332	5.31	37	0.114	0.0045	0.0098	1377
13	1.82	0.0720	2.627	6.69	38	0.102	0.0040	0.0081	2400
14	1.63	0.0641	2.075	8.45	39	0.089	0.0035	0.0062	2100
15	1.45	0.0571	1.646	10.6	40	0.079	0.0031	0.0049	4080
16	1.29	0.0508	1.318	13.5	41	0.071	0.0028	0.0040	3685
17	1.15	0.0453	1.026	16.3	42	0.064	0.0025	0.0032	6300
18	1.02	0.0403	0.8107	21.4	43	0.056	0.0022	0.0025	5544
19	0.912	0.0359	0.5667	26.9	44	0.051	0.0020	0.0020	10200
20	0.813	0.0320	0.5189	33.9	45	0.046	0.0018	0.0016	9180
21	0.724	0.0285	0.4116	42.7	46	0.041	0.0016	0.0013	16300

【例 5-4】用长度为 10m（正、负极电线各 5m），24AWG 的铜芯电线，通过电流为 2A，其损耗的功率及线路压降为多少？

电线采用的规格是 24AWG，查对照表可知

线路的电阻　　$R_1 = 0.894$（Ω）

线路压降　　$U_1 = IR_1 = 2 \times 0.894 = 1.788$（V）

线路损耗的功率　　$P_1 = IU_1 = 2 \times 1.788 = 3.576$（W）

从以上计算可以看出，线路电流较大时，要注意选择合适的导线截面，否则线路损耗及线路压降是相当大的。

复习思考题

1. 试列举几点 LED 产品施工应注意的事项。
2. 有一个 4in（1in=2.54cm）的彩色显示器，需要 8 个额定的正向电压为 3.0V，额定

正向电流 20mA，耗散功率为 150mW 的白光 LED 提供适当的背光照明和全彩。每 4 个 LED 串联一起，组成两个 LED 串，问需驱动电源电压、输出功率各为多少？

3. 有一 LED 驱动电源，额定输出电流 DC700mA，功率 20W，驱动耗散功率为 70mW，正向电流为 20mA 的 LED，可怎样配置？

4. 计算机局域网中常用的超五类网线外面包皮上印有 24AWG 的字样，试说明其含义。

项目小结

1. LED 标准体系包括 LED 芯片标准、LED 封装技术标准和 LED 照明标准。

2. 目前，国际上从事照明 LED 标准化研究的标准组织有国际电工委员会（IEC）、国际照明委员会（CIE）和各国对应的标准化组织及相关企业。

3. 国家标准委（SAC）新颁布 2010 年实施的 8 项 LED 国家标准包括强制性国家标准（GB）和推荐性国家标准（GB/T）。

4. GB 24819—2009《普通照明用 LED 模块 安全要求》、GB 19510.14—2009《灯的控制装置 第 14 部分：LED 模块用直流或交流电子控制装置的特殊要求》、GB 19651.3—2008《杂类灯座 第 2—2 部分：LED 模块用连接器的特殊要求》等同采用了相应的 IEC 标准，有利于 LED 产品的出口和进行国际认证。

5. 为了使 LED 保持良好的工作状态，充分发挥其独特的优点，了解在 LED 产品施工中的一些注意事项是必需的。

6. 初步了解 LED 工程中的简易计算。

项目五 自我评价

	评价内容	学习目标实现情况
知识目标	1. 了解 LED 标准体系	☆ ☆ ☆ ☆ ☆
	2. 理解 LED 强制性国家标准的内涵	
	3. 了解 LED 产品施工注意事项	
技能目标	1. 学会目视检验 LED 产品标志	☆ ☆ ☆ ☆ ☆
	2. 初步学会 LED 工程中的简易计算	
	3. 学会识别电线标准 AWG	
学习态度	快乐与兴趣 方法与行为习惯 探索与实践 合作与交流	☺ 😐 ☹
个人体会		

参 考 文 献

[1] 杨清德，康娅. LED及其工程应用. 北京：人民邮电出版社，2007.
[2] 周志敏，周纪海，纪爱华. LED驱动电路设计实例. 北京：电子工业出版社，2008.
[3] 杨清德. LED照明工程与施工. 北京：金盾工业出版社，2009.
[4] 陈大华. 绿色照明LED实用技术. 北京：化学工业出版社，2009.
[5] 杨恒. LED照明驱动器设计步骤详解. 北京：中国电力出版社，2009.
[6] 诸昌钤. LED显示屏系统原理及工程技术. 成都：电子科技大学出版社，2000.
[7] 方忠. LED在城市夜景工程中的应用. 科技信息，2008，(23).
[8] 毛兴武. 新一代绿色光源LED及其应用技术. 北京：人民邮电出版社，2008.
[9] 周志敏，周纪海，纪爱华. LED照明技术与应用电路. 北京：电子工业出版社，2009.
[10] GB 24819—2009　普通照明用LED模块　安全要求
[11] GB 19510.14—2009　灯的控制装置　第14部分：LED模块用直流或交流电子控制装置的特殊要求
[12] GB 19651.3—2008　杂类灯座　第2-2部分：LED模块用连接器的特殊要求

反侵权盗版声明

电子工业出版社依法对本作品享有专有出版权。任何未经权利人书面许可，复制、销售或通过信息网络传播本作品的行为；歪曲、篡改、剽窃本作品的行为，均违反《中华人民共和国著作权法》，其行为人应承担相应的民事责任和行政责任，构成犯罪的，将被依法追究刑事责任。

为了维护市场秩序，保护权利人的合法权益，我社将依法查处和打击侵权盗版的单位和个人。欢迎社会各界人士积极举报侵权盗版行为，本社将奖励举报有功人员，并保证举报人的信息不被泄露。

举报电话：（010）88254396；（010）88258888
传　　真：（010）88254397
E-mail：　dbqq@phei.com.cn
通信地址：北京市万寿路173信箱
　　　　　电子工业出版社总编办公室
邮　　编：100036